国家中职示范校烹饪专业课程系列教材

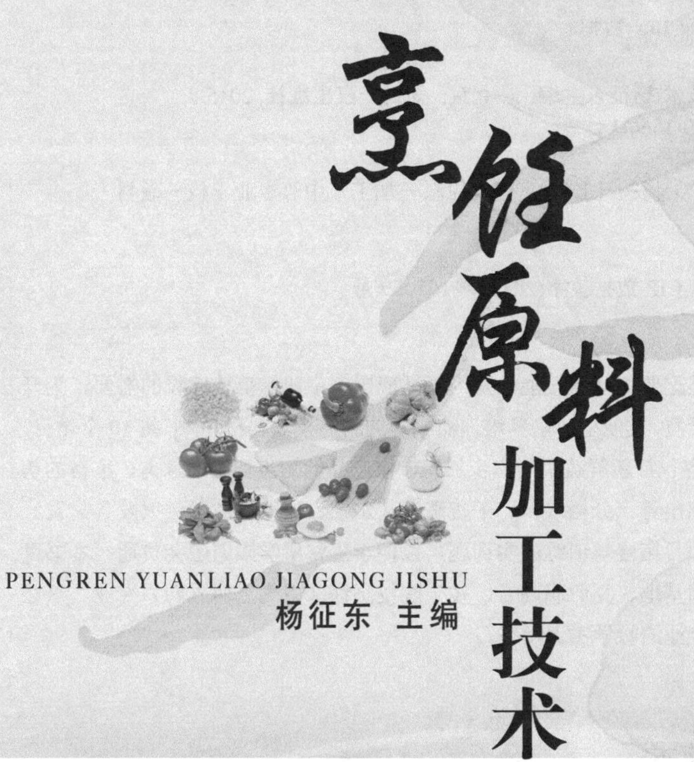

烹饪原料加工技术

PENGREN YUANLIAO JIAGONG JISHU

杨征东 主编

知识产权出版社

图书在版编目（CIP）数据

烹饪原料加工技术/杨征东主编. —北京：知识产权出版社, 2015.8
ISBN 978-7-5130-3664-1

Ⅰ. ①烹… Ⅱ. ①杨… Ⅲ. ①烹饪—原料—加工—中等专业学校—教材
Ⅳ. ①TS972.111

中国版本图书馆 CIP 数据核字(2015)第 165059 号

内容提要

本书是烹饪工艺重要的基本技能，是为了适应国家中职示范校建设的需要，为开展烹饪专业领域高素质、技能型才培养培训而编写的新型校本教材。本书共 10 个项目，30 个任务，主要内容包括新鲜蔬菜的初步加工、水产品的初步加工、家禽、家畜的初步加工、整鱼、整鸡出骨、分档取料、干货涨发（水发、碱发、油发、火发、盐发）等。各项目均配有项目拓展与训练的实训题，以便学生将所学知识融会贯通。本书可作为高技能人才培训基地、高职职高专、技工院校烹饪（中式烹调方向）专业、烹饪（中式面点方向）专业的教学实训用书。

责任编辑：张　珑

烹饪原料加工技术
杨征东　主编

出版发行：知识产权出版社有限责任公司　网　址：http://www.ipph.cn
http://www.laichushu.com
电　话：010-82004826
社　址：北京市海淀区马甸南村 1 号　邮　编：100088
责编电话：010-82000860 转 8540　责编邮箱：riantjade@sina.com
发行电话：010-82000860 转 8101/8029　发行传真：010-82000893/82003279
印　刷：北京建宏印刷有限公司　经　销：各大网上书店、新华书店及相关专业书店
开　本：880mm×1230mm　1/32　印　张：3.75
版　次：2015 年 8 月第 1 版　印　次：2015 年 8 月第 1 次印刷
字　数：147 千字　定　价：18.00 元

ISBN 978-7-5130-3664-1

本书编委会

主　编　杨征东　于功亭

副主编　张忠金　蔡广程　陈卫东

编　者

学校人员　郝敏娟　王亚楠　付文龙　郑子昱

方英杰　袁　凝　刘　扬　谢定北

企业人员　于功亭　刘景军　孟昭发　王连厚

王成奇

前　言

2013 年 4 月，牡丹江市高级技工学校被三部委确定为“国家中等职业教育改革发展示范校”创建单位，为扎实推进示范校项目建设，切实深化教学模式改革，实现教学内容的创新，使学校的职业教育更好地适应本地经济特色，学校广泛开展行业、企业调研，反复论证本地相关企业的技能岗位的典型任务与技能需求，在专业建设指导委员会的指导与配合下，科学设置课程体系，积极组织广大专业教师与合作企业的技术骨干研发和编写具有我市特色的校本教材。

示范校项目建设期间，我校的校本教材研发工作取得了丰硕成果。2014 年 8 月，《汽车营销》教材在中国劳动社会保障出版社出版发行。2014 年 12 月，学校对校本教材严格审核，评选出《零件的数控车床加工》《模拟电子技术》《中式烹调工艺》等 20 册能体现本校特色的校本教材。这套系列教材以学校和区域经济作为本位和阵地，在学生学习需求和区域经济发展分析的基础上，由学校与合作企业联合开发和编写。教材本着“行动导向、任务引领、学做结合、理实一体”的原则编写，以职业能力为核心，有针对性地传授专业知识和训练操作技能，符合新课程理念，对学生全面成长和区域经济发展也会产生积极的作用。

各册教材的学习内容分别划分为若干个单元项目，再分为若干个学习任务，每个学习任务包括任务描述及相关知识、操作步骤和方法、思考与训练等；适合各类学生学用结合、学以致用的学习模式和特点，适合于各类中职学校使用。

各册教材的学习内容分别划分为若干个单元项目，再分为若干个学习任务，每个学习任务包括任务描述及相关知识、操作步骤和方法、思考与训练等，力求适合各类学生学用结合、学以致用的学习模式和特点。

《烹饪原料加工技术》是为了适应国家中职示范校建设的需要，为开展烹饪专业领域高素质、技能型才培养培训而编写的新型校本教材。本书共 5 个项目，15 个任务，主要内容包括新鲜蔬菜的初步加工，水产品的初步加工，家禽、家畜的初步加工，整鱼、整鸡出骨，分档取料，干货涨发（水发、碱发、油发、火发、盐发）等。

由于时间与水平所限，书中不足之处在所难免，恳请广大教师和学生批评指正，希望读者和专家给予帮助指导！

牡丹江市高级技工学校校本教材编委会

2015 年 3 月

目　录

绪 论

烹饪原料大多是毛料，不能直接将其加工制熟成菜点。为了使烹饪原料符合熟加工的要求，必须对其进行去粗取精和卫生方面的专门加工，将毛料加工成为能被直接用于加工制熟的净料，为菜点合格制品提供前提条件。

一、烹饪原料加工技术的研究对象

烹饪原料加工技术是以烹饪原料加工技术的基本理论和操作技能、方法为研究对象，以烹饪原料加工的具体工艺过程为研究内容。

主要内容：刀工知识，鲜活原料的初步加工，取肉、分档与整料去骨，干货原料涨发，原料腌制，配菜，冷菜制作等方面。

二、烹饪原料加工技术的学习内容

烹饪原料加工技术主要包括原料的粗加工、细加工和成品加工。

（1）粗加工：主要指的是鲜活原料的初步加工，如干货原料涨发，原料腌制，取肉、分档取料等；

（2）细加工：是在粗加工的基础上进行的，主要包括刀工、配菜、整料去骨等；

（3）成品加工：是将经加热入味后的原料或不需加热直接食用的生料，进行切配、拼摆装盘、点缀、衬托的过程。

三、烹饪原料加工技术与其他学科的联系

烹饪原料加工与多种学科相关，包括动物学、植物学、水产学、畜牧学、物理学、数学和力学、动物解剖学、美学 、食品学、卫生学、营养学 。

四、烹饪原料加工的作用

（1）讲究卫生，利于营养 。
（2）利于成熟，便于入味。
（3）便于食用，利于消化。
（4）美化形态，丰富品种 。
（5）物尽其用，降低成本 。

五、学习烹饪原料加工技术的要求

（1）要理论联系实际。
（2）要勤学苦练 。
（3）要有健康的体魄。
（4）要有较宽的知识面。
（5）要耐心细致、精益求精。

项目一　鲜活原料初步加工

相关知识

一、鲜活原料初步加工的概念

鲜活原料是指新鲜的动物性、植物性原料，如新鲜的蔬菜、河鲜、海鲜、家禽、家畜、新鲜的食用蕈类等。

鲜活原料的初步加工是对原料进行宰杀、煺毛、去鳞、摘剔、除污、清洗、整理等，以除去不能食用的部位。

二、鲜活原料初步加工的要求

（1）细致认真，讲究卫生。

（2）合理加工，保持营养。

（3）方法正确，保证质量。

（4）合理用料，减少损耗。

任务1　新鲜蔬菜的初步加工

一、蔬菜的相关知识

1. 蔬菜的概念

蔬菜是指可作副食品的草本植物的总称，也包括少数可作副食品的木本植物的幼芽、嫩叶和食用菌类及藻类等。

2. 蔬菜在人类饮食中具有重要的意义

蔬菜在人类饮食中的重要意义如下。

（1）蔬菜是多种维生素（如抗坏血酸，胡萝卜素和核黄素）的重要来源。

(2) 蔬菜中含有丰富的无机盐，如钙、铁、钾等，对维持体内的酸碱平衡十分重要。

(3) 蔬菜中所含的纤维素、果胶质等物质具有一定的生理学意义。

(4) 蔬菜中含有大量的酶和有机酸，可促进消化，如萝卜中含有丰富的淀粉酶。

(5) 某些蔬菜还具有一定的生理学或药理学作用。例如，大蒜中含有的蒜素具较强的杀菌力，苦瓜有明显的降血糖作用，洋葱可明显地降低血胆固醇。

3. 蔬菜的种类

蔬菜的品种繁多，按可食用的部位分为叶菜类、茎菜类、果菜类、根菜类、花菜类、食用菌类六大类。

二、高等植物蔬菜原料的组织结构及化学组成

(一) 组织结构

蔬菜品种绝大多数是由种子植物提供的。在种子植物中，其组织分为两大类，即分生组织和永久组织。

1. 分生组织

分生组织是位于植物体一定部位，具有持续进行原生质合成和通过细胞分裂而新生细胞的组织。它由较小的、等径的多面体细胞组成，细胞壁很薄，核较大，细胞质浓厚，液泡小而少。由分生组织连续分裂而增生的细胞一部分仍保持高度的分裂能力，另一部分则陆续分化为具有一定形态特征和生理功能的细胞，从而构成其他各种组织，使器官得以生长或新生。

2. 永久组织

永久组织是一类具有特殊结构和功能的组织，包括薄壁组织、保护组织、输导组织、机械组织和分泌组织。在永久组织中，细胞常常停止分裂。

1) 薄壁组织

薄壁组织又称基本组织、营养组织，是构成植物体最基本的组

织。其组成细胞具有生活的原生质体；细胞壁薄，胞间层中几乎全是果胶物质；细胞壁由纤维素、半纤维素、果胶质组成。薄壁组织组成了植物的基本组织部分，构成了植物体根与茎的皮层和髓维管组织中的薄壁组织区域，叶的叶肉组织、花器官的各部分、种子的胚乳及胚、果实的果肉，成为果蔬食用的主要组织部分。例如，萝卜、胡萝卜、马铃薯等供食用的肉质根，肉质块茎中薄壁组织非常发达。

由于薄壁组织的细胞壁薄，常含有大量的水分、营养物质和风味物质。因此，水果和蔬菜的质地、新鲜度、风味等与其所含薄壁组织的多少有密切的关系。

2）保护组织

保护组织是位于植物体表面起保护作用的组织，如初生生长时产生的表皮、根冠及次生生长过程中产生的周皮。其中，与果蔬质量有关的则主要是表皮结构。茎、叶的表皮细胞外壁较厚并覆盖有角质层，可防止水分的过度散失、微生物的侵害和机械性或化学性的损伤。对新鲜的果蔬而言，表皮完整的个体光泽度好，耐储性强，是个体品质优良的标志之一。

3）机械组织

机械组织是植物体内起支持和巩固等机械作用的组织。其组成细胞的细胞壁局部或整体加厚，常木质化。根据组成机械组织的细胞的形状和壁加厚程度的不同，可将分为厚角组织和厚壁组织两类。

4）输导组织

输导组织是植物体内输导水分和养料的组织，其细胞一般呈管状，上下相接，贯穿于整个植物体内。在种子植物中包括主要运输水分和无机盐的导管以及运输有机养料的筛管。它们与其他的组织学分子如薄壁细胞、纤维细胞、分泌细胞等组合，分别形成了木质部和韧皮部，组成了叶中的叶脉及根、茎的维管柱。由于输导组织具有木质化的导管分子，有时也有木纤维、韧皮纤维等，因此，输导组织中发达的木质化组成分子会影响果蔬的质量。

5）分泌组织

分泌组织为植物体内具有分泌功能的组织，存在于植物体表面或体内。分泌组织常由单个的或成群聚集的薄壁细胞特化为蜜腺、腺毛、树脂道、乳汁管等，所产生的分泌物是植物代谢的次生物质。分泌物或排出体外，或分泌于细胞内或胞间隙中。在某些果蔬中，其独特的芳香气味与分泌组织有密切的关系，如橙的外果皮上的油囊，香辛叶菜的叶片和叶柄中的挥发油。又如，茎用莴苣的叶及茎皮上的乳汁管因分泌乳汁使这两部分具有一定的苦味。

（二）化学组成

1. 水分

水分是果蔬的重要组成成分，平均含量可达 80%～90%。它对于原料的外观、风味、新鲜程度有极大影响。水分通常以自由水和结合水的状态存在于果蔬中。

2. 碳水化合物

1）单糖、双糖和糖醇

单糖、双糖和糖醇是果蔬呈现甜味的主要原因，包括葡萄糖、果糖、蔗糖、阿拉伯糖、甘露糖、山梨糖、甘露醇等。仁果类以果糖为主，葡萄糖和蔗糖次之；核果类以蔗糖为主，葡萄糖和果糖次之；浆果类主要是葡萄糖和果糖；橘柑类含蔗糖较多。这些糖类与有机酸相互影响就形成了各种果蔬的不同风味。

2）多糖

淀粉见于变态的根和茎、未熟的水果，以及某些干果和豆类蔬菜中，如马铃薯含 14%～25%，藕含 12.77%，板栗中含 33%，未成熟的香蕉中含 9%，荸荠和芋头当中也较多。

纤维素和半纤维素：是植物细胞壁的主要成分，构成了水果、蔬菜本身固有形态的支架，起支持作用。水果中的纤维素含量为 0.2%～4.1%，半纤维素含量为 0.3%～2.7%；蔬菜中的纤维素含量为 0.3%～2.8%，半纤维素为 0.2%～3.1%。

果胶物质：分布在植物的果实、直根、块根和块茎等器官的细胞壁中胶层中，起粘合细胞的作用。果胶物质以原果胶、果胶和果胶酸三种形式存在于果蔬中，利用果胶质的水溶性可以将含果胶丰富的水果和蔬菜制成果冻或果酱，丰富原料品种，如苹果酱、草莓酱、杏酱、胡萝卜酱等。

3. 维生素

果蔬中含有丰富的维生素C、维生素B1（硫胺素）、维生素B2（核黄素）、维生素A原（胡萝卜素）、维生素E及K。由于维生素C是最不稳定的维生素，在烹饪运用中极易损失，因此要现切现用，大火急炒快出锅，焯水时不要加碱等，以减少维生素C的损失。

维生素B1在酸性条件下稳定，在碱性和中性条件下很容易破坏，因此烹调加工时应尽量避免加碱。用水久浸原料也会造成维生素B1的大量流失，淘米时要避免反复淘洗。面粉的麸皮中含有大量的维生素B1，但麦粒的加工精度越高，VB1的损失越大。各种鱼类和贝类的提取液能破坏维生素B1，食用生鱼片时最好配以补充含VB1的食物，如全麦粉面包、马铃薯或一些核果。

维生素B2性质比较稳定，可以溶于水，对热、酸稳定，短时间加热不会被破坏，加工干制也不会流失。

由于维生素A原，维生素E及K都为脂溶性维生素，因此，在烹制富含这些成分的蔬菜时，宜多加油烹制，如炝炒豌豆苗、胡萝卜烧肉、韭菜炒鸡蛋等，以利于人体的吸收。

4. 有机酸

有机酸在水果和蔬菜中含量丰富，主要包括柠檬酸、苹果酸、酒石酸，一般通称为果酸。此外还有少量的草酸、水杨酸、琥珀酸，这些有机酸以游离状态或结合成盐类的形式存在，形成了果实特有的酸味。有机酸和果实中所含的糖分共同构成的糖酸比直接影响果实的风味。

5. 含氮物质

一些核果和坚果的种仁中含有丰富的蛋白质，如核桃仁中的蛋白质含量可达14%。

6. 矿物质

钙、磷、铁、镁、钾、钠、碘、铝、铜等以无机态或有机盐的形式存在于水果蔬菜中。但由于某些蔬菜含相当量的草酸，与钙、磷、铁等离子结合成不溶性的草酸盐，影响了钙、铁等无机离子的吸收。

7. 单宁物质

单宁又称鞣质，属于多酚类物质，在水果中大量存在，在蔬菜中含量较少。单宁在口味上有一定的涩味，未成熟的果实中含量大，因此未熟果大都有酸涩的味道。随着果实的成熟，单宁逐渐分解，涩味减弱。

8. 苷类

苷类是由糖和其他含羟基的化合物（如醇、醛、酚）结合而成的物质。大多数苷类具苦味或特殊香味，但有的有毒性，如甘草苷、甜叶菊苷、芥子苷、橘皮苷、苦杏仁苷、茄碱等。

9. 色素物质

色素物质是蔬菜和水果呈现出鲜艳色彩的物质来源，包括脂溶性的叶绿素、类胡萝卜素，水溶性的花青素、花黄素等。通过这些色素物质的变化可以鉴定原料的新鲜度。在烹饪过程中，色素物质常发生变化，从而与成菜效果有关。

10. 芳香物质

芳香物质含量虽少，但成分非常复杂，主要是酯、醛、酮、烃、萜、烯等。有些以糖或氨基酸的形式存在，在酶的作用下分解生成挥发油才有香气，如蒜油。

烹饪中可以利用水果的特异性芳香气味制作出各式冷盘、冷点，利用蔬菜的香辛气味赋味增香，去腥除异，从而达到丰富菜肴的品种，刺激食欲，保护维生素C的目的。

11. 油脂和蜡质

果蔬中的油脂含量通常较少，但也有例外，如鳄梨。

果蔬的茎、叶和果实表面有一层薄的蜡质，主要是高级脂肪酸和醇所组成的酯，可以防止原料的枯萎、水分的蒸发和微生物的侵入，对保护原料的新鲜品质具有一定的意义。有的果蔬在成熟后表皮会有蜡粉产生，如冬瓜、南瓜、葡萄、桃等、所以，油脂和蜡质也是果蔬成熟的标志之一。

12. 酶

酶是由生物活细胞产生的有催化功能的蛋白质，大量分布于植物性原料的组织细胞内，虽然绝对含量很低，但与原料的组织结构、性质特点、营养成分有着非常重要的关系。

三、种子植物蔬菜品种

大多数蔬菜都是由种子植物提供的。按照食用部位的不同，将种子植物蔬菜品种分为根菜类、茎菜类、叶菜类、花菜类和果菜类五大类。

（一）根菜类

根菜类是以植物膨大的变态根作为食用部分的蔬菜。按照膨大的变态根发生的部位不同，可分为肉质直根和肉质块根两类。肉质直根是由植物的主根膨大而成，如萝卜、胡萝卜、牛蒡、根甜菜、芜菁、辣根、根用芥菜等；肉质块根是由植物的侧根膨大而成，如红薯。根菜类为植物的贮藏器官，因此含有大量的水分，富含糖类以及一定的维生素、矿物质和少量的蛋白质。烹饪运用中，根菜类可生食、熟吃、制作馅心，用于腌渍、干制，或作为雕刻的原料。

1. 萝卜

萝卜又称莱菔，为十字花科两年生或一年生草本植物。肉质直根呈圆锥、圆球、长圆锥、扁圆等形。根皮呈白、绿、红或紫色等，味甜，微辣，稍带苦味。除肉质直根外，萝卜的嫩苗及嫩角果也可食用。萝卜的品种繁多，按上市期分为秋萝卜、夏萝卜、春萝卜和四季萝卜，其中以秋萝卜中的红萝卜、白萝卜、青萝卜三种为最多。

在烹调制作上，萝卜的运用十分广泛，适于各种加工方法和任

何调味。可单独制做主菜，亦可与其他荤素原料搭配成菜。同时又可作为菜肴的装饰用料和雕刻的原料。此外，还可制馅、腌渍、干制等等。代表菜式如萝卜羊肉汤、萝卜烧牛肉、花仁萝卜干、萝卜丝糕、萝卜烧卖等。

2. 胡萝卜

胡萝卜又称为红萝卜、黄萝卜等，肉质根为圆锥形或圆柱形，呈紫、红、橙黄、黄、淡黄、黄白、白等颜色。它质细、脆嫩、多汁、味甜，具特殊芳香气味。除肉质根外，嫩叶可作绿色蔬菜食用。可生食、凉拌、炒、烧、炖、煮等，也可制作面食，还可腌制，加工蜜饯、果酱、菜泥和饮料等。此外，也作为配色、雕刻的原料。代表菜式如胡萝卜烧肉、凉拌胡萝卜丝、胡萝卜羊肚丝汤等。

3. 牛蒡

牛蒡又称为东洋萝卜、黑萝卜、蒡翁菜，肉质根呈圆柱形，全部入土，长约 65cm，直径约 3cm。表皮厚而粗糙，暗黑色；根肉灰白色，水分少，有香味，质地细致而爽脆。除肉质根外，嫩叶也可食用。初加工时应注意：其根肉细胞中含较多的多酚物质及氧化酶，切开后易发生氧化褐变，应注意保色。烹饪中将牛蒡除去外皮，放在清水中脱涩后，可单独或配排骨、鱼等炖、烧、煮食，或切成片裹面糊后炸食，也是制作酱菜、渍菜的原料。此外，嫩茎叶为西餐的冷餐佳品，用于色拉的制作及煮汤等。

牛蒡

4. 根甜菜

根甜菜又称红菜头、甜菜根、紫菜头等，原产欧洲地中海沿岸，我国有少量栽培。肉质根呈球形、卵形、扁圆形、纺锤形等。因含甜菜红素，根皮及根肉均呈紫红色，横切面可见数层美丽的紫色环纹。另一变种为黄菜头，呈金黄色。其质地脆嫩，味甘甜，略带土腥味。烹饪中可生食、凉拌，或炒、煮汤，亦是装饰、点缀及雕刻的良好原料。

根甜菜

5. 芜菁甘蓝

芜菁甘蓝又称大头菜、洋大头菜、洋疙瘩等，肉质根卵球形或圆锥形，根皮光滑，上部淡紫红色，下部白色微黄；根肉质地坚实，常呈黄色，有时为白色，无辛辣味，味甜美。烹饪中除鲜食用于拌、

炒、煮等外，主要用于腌制或酱制。

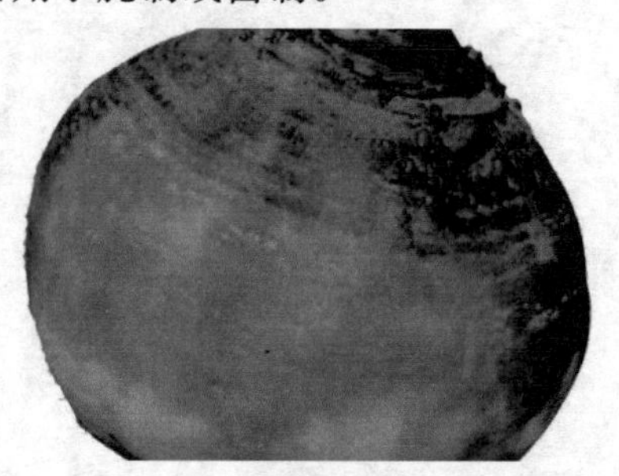

芜菁甘蓝

6. 根用芥菜

根用芥菜又称大头菜、疙瘩菜、冲菜等，为十字花科芥菜的变种之一。原产我国，为我国著名蔬菜之一。肉质根肥大，呈圆锥或圆筒形，上部绿色，下部灰白色。其质地紧密，水分少，粗纤维多，有强烈的芥辣味，稍有苦味。除肉质根外，叶也可供食。烹饪中主要供加工，制成腌菜、泡菜、酱菜、辣菜和干菜等。若鲜食，可炒、煮、作汤等。

根用芥菜

7. 豆薯

豆薯又称地瓜、凉薯、沙葛、土萝卜、地萝卜、草瓜茹等，为豆科一年生蔓性草本植物。原产热带美洲。主根膨大形成纺锤形肉质根，根皮黄白色，因含丰富的根皮纤维，很易撕去。根肉白色，脆嫩多汁，味甜。其豆荚称四棱豆，也可供食。含糖分、维生素 C、钙、磷、铁等。

除生食代水果外，烹饪中可拌、炒，宜配荤，如地瓜炒肉丁。

8. 辣根

辣根又称为西洋山萮菜、山葵萝卜、马萝卜等，原产欧洲南部和西亚土耳其。肉质根呈长圆柱形，长30～50cm，直径约5cm；外皮较厚、粗糙，呈黄白色；其根肉致密，外层白色，中心淡黄色，具强烈的芳香辛辣味。在烹饪应用中，多用于调味。鲜用时将辣根磨碎制成酱，作为“芥末糊”使用。或制成干粉作为肉类的调味品，也用于咖喱粉的调配。此外，原产于日本的同属另种水辣根制成的绿色“芥末糊”，广泛应用于生鱼片、生蚝等的蘸食上。

（二）茎菜类

茎菜类是以植物的嫩茎或变态茎作为食用部分的蔬菜。按照供食部位的生长环境，可分为地上茎类蔬菜和地下茎类蔬菜。

茎菜类蔬菜营养价值大，用途广，含纤维素较少，质地脆嫩。由于茎上具芽，所以茎菜类一般适于短期贮存，并需防止发芽、冒薹等现象。

在烹饪运用上，茎菜类大都可以生食。另外，地上茎类，根状茎类常适于炒、炝、拌等加热时间较短的烹饪方法，体现其脆嫩，清香；地下茎中的块茎、球茎、鳞茎等一般含淀粉较多，食于烧、煮、炖等长时间加热的方法，以突出其柔软、香糯。

1. 地上茎类蔬菜

地上茎类蔬菜中，有的食用植物的嫩茎或幼芽，如茭白、茎用莴苣、芦笋、竹笋；有的食用植物肥大而肉质化的变态茎，如球茎甘蓝、茎用芥菜。含水量高，质地脆嫩或柔嫩，有的尚具有特殊的风味。

1）竹笋

竹笋简称笋，为禾本科竹亚科竹类的嫩茎、芽的统称。供食用的主要有毛竹、慈竹、淡竹等多种竹。

竹笋是锥形或圆筒棒形，外有箨叶紧密包裹，呈赤褐、青绿、淡黄等色，品种繁多。按照采收季节的不同，竹笋可分为冬笋、春笋、鞭笋。冬笋是冬季尚未出土但已肥大可食的冬季芽，质量最佳；春笋是春季已出土生长的春季芽，质地较老；鞭笋是指夏、秋季芽横向生长成为新鞭的嫩端，质量较差。除嫩茎及芽外，包于竹笋外的箨叶基部称为笋衣，也是味鲜美的可食部分。

竹笋的肉质脆嫩，因含有大量的氨基酸、胆碱、嘌呤等而具有非常鲜美的风味。但同时，有的品种因草酸含量较高，或含有酪氨酸生成的类龙胆酸，从而具有苦味或苦涩味。因此，鲜竹笋在食用之前，一般均需用水煮及清水漂洗，以除去苦味，突出鲜香，并有利于钙质吸收。

鲜竹笋在烹制中可采用拌、炒、烧、煸、焖等方法制作多种菜肴，如笋子拌鸡丝、干煸冬笋、竹笋烧牛肉、金钩慈笋等；或干制加工成玉兰片、笋丝；或制作腌渍品、罐制品等，并在菜肴制作中具有提鲜、增香、配色、配形的作用。

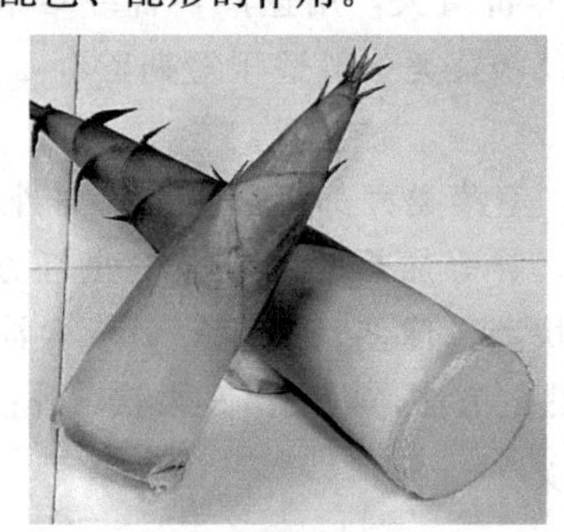

2）茭白

茭白又称为高笋、茭瓜，原产于我国，为我国特有蔬菜之一。肉质茎纺锤形或棒形，皮青白色，光滑；茎肉白色，质地细嫩，味干香，口感柔滑。茭白为家常佳蔬，亦是宴席蔬菜用料。茭白适于拌、炒、烧、烩、制汤，如茭白肉片、酱烧茭白、八珍茭笋、糟煎茭白等；开水焯后，可作凉菜或作色拉的拌料；也是面食馅心、臊子的用料，如蟹肉茭白烧卖、茭白包子等。

茭白

3）茎用莴苣

茎用莴苣又称为莴笋、青笋、白笋、生笋等，为菊科草本植物莴苣的嫩茎。原产亚洲西部及地中海沿岸，传入我国后，起初仅食叶，后选育成以茎用为主的变种。除嫩茎外，其嫩叶也可食用，称为“凤尾”。肉质嫩茎呈长圆筒形或长圆锥形，肥大如笋；茎皮呈绿白、青绿、紫绿或紫红色。它的品种繁多，常以叶形和茎叶颜色分类和命名，主要分为尖叶莴苣和圆叶莴苣两类。烹饪制作中，可生食凉拌，或炒、炝、烧等，如红油牛舌片、莴笋烧鸡、鱼香肉丝、奶油凤尾莴笋等；还可腌制酱渍，如潼关酱笋等；也可干制，如安徽的涡阳苔干。

茎用莴苣

4）芦笋

芦笋又称为石刁柏、龙须菜、露笋等。嫩茎圆柱状，长 10～30cm，横茎 1～1.5cm，入土部分为白色，出土后为绿色，经培土软化后甘香柔

嫩，有特殊清香。由于栽培方法的不同，芦笋有绿、白、紫三色之分，以紫芦笋为最佳。烹饪中可炒食、红烧、作汤、凉拌等，如奶油芦笋、肉卷芦笋、虾仁芦笋等，也常用于腌渍，制罐。

5）茎用芥菜

茎用芥菜又称为青菜头、菜头、儿菜等，为我国的特产蔬菜品种。茎基部有瘤状突起，青绿色，分长茎和圆茎两类。长茎类又称榨菜类，肉质茎粗短，呈扁圆、圆或矩圆筒状，节间有各种形状的瘤状突起物，主要供腌制榨菜；圆茎类又称笋子菜类，肉质茎细长，下部较大，上部较小，主要用于鲜食。烹饪中若用于鲜食，可炒、烧、或做汤，如干贝菜头、鸡油菜头；也可泡制成泡菜或用于榨菜的腌制。

6）球茎甘蓝

球茎甘蓝又称苤蓝、疙瘩菜等，为十字花科芸薹属植物甘蓝的变种。原产地中海沿岸。肉质茎短缩肥大成球茎，呈扁圆、椭圆或球形，茎皮绿白、绿或紫色。球茎肉质致密、脆嫩，含水量较多，味甜。烹饪中适宜凉拌、炒食或炖、煮，如酸辣苤蓝、鸡丝苤蓝；也可腌制、酱制或酸渍。

球茎甘蓝

7）仙人掌

菜用仙人掌原产于墨西哥，我国已试种成功。它生长迅速，含水量大，纤维含量少，绿色扁平茎上的针状叶易脱落；口感清香，质地脆嫩爽口。食用时，选用仙人掌的嫩茎（以长出一月之内者为最佳），去刺去皮、洗净，刀工处理后，用盐水煮几分钟或在沸水中焯烫以去掉黏液，即可凉拌、炒食，或挂糊油炸、炖煮等。代表菜式如凉拌仙人掌、仙人掌炒肉丝。

2. 地下茎类蔬菜

地下茎是植物生长在地下的变态茎的总称。虽然生长于地下，但仍具有茎的特点，即有节与节间之分，节上常有退化的鳞叶，鳞叶的叶腋内有腋芽，所以具有繁殖的作用，以此与根相区别。

地下茎主要有四类，即块茎、鳞茎、球茎和根状茎，在这四类中均有可供食用的蔬菜。

1）块茎蔬菜

块茎是地下茎的末端肥大成块状，适应贮藏养料和越冬的变态茎。其表面有许多芽眼，一般作螺旋状排列，芽眼内有芽。块茎类蔬菜长贮藏有大量的水分和淀粉，富含维生素C以及一定量的蛋白质、矿物质，营养丰富，如马铃薯、薯蓣等。

①马铃薯

马铃薯又称为洋芋、土豆、山药蛋、地蛋等，块茎呈圆形、卵圆形、椭圆形等，茎皮红色、黄色、白色或紫色。若由于贮藏不当而出现表皮发紫、发绿或出芽后，块茎中的毒素——龙葵素就会明显增加。所以，食用时应挖去芽眼，削去变绿、变紫及腐烂的部分，并加醋烹调，以防中毒。在烹饪中可代粮作主食、入菜，制作小吃，提取淀粉等，还常用于冷盘的拼摆及雕花。在菜肴的制作中，适于各种烹调方法，适于各种调味，荤素皆宜，如拔丝土豆、醋熘土豆丝、土豆烧肉、土豆丸子、炸薯条、土豆泥等。

②薯蓣

薯蓣又称为山药、山芋、野山豆等。块茎外皮呈黄褐色、赤褐色或紫褐色；块茎形状有长形棒状、扁形掌状、块状三种。较好的品种为河南沁阳县所产的“怀山药”，亦称为“淮山药”。在烹饪制作中，薯蓣常作为宴席甜菜用料，如蜜汁带馅山药泥、拔丝山药、虎皮山药等；也可作为咸味蒸制菜肴的垫底；还可拌、烧、烩、焖、炸；或煮粥、做糕点，如山药粥、薯蓣糕等。

③菊芋

菊芋又称为洋姜、鬼子姜、洋大头、姜不辣等。块茎纺锤形呈不规则瘤形，茎皮红、黄，或白色。主要品种有白菊芋和紫菊芋两种。块茎主要供腌渍，也可鲜食，采用拌、炒、烧、煮、炖、炸等烹调方法制作菜肴、汤品或粥食，老熟后可制取淀粉。

菊芋

2）鳞茎蔬菜

鳞茎为着生肉质鳞叶的短缩地下茎，是为适应不良环境而产生的变态的茎与叶。鳞茎短缩成盘状，特称为“鳞茎盘”，其上着生密集的鳞叶及芽。根据鳞茎外围有无干膜状鳞叶，又分为有皮鳞茎（如洋葱、大蒜）和无皮鳞茎（如百合）。含丰富的碳水化合物、蛋白质、矿物质与多种维生素。除个别种类外，大多数鳞茎类蔬菜还含有白色油脂状挥发性物质——硫化丙烯，从而具特殊辛辣味，并有杀菌消炎的作用。

①洋葱

洋葱又称为葱头、球葱、圆葱等。鳞茎大，呈球形、扁球形或椭圆形。品种繁多，按生长习性可分为普通洋葱、分蘖洋葱和顶生洋葱。其中，普通洋葱按鳞茎的皮色又分为黄皮洋葱、紫皮洋葱和白皮洋葱。中餐烹饪中主要供蔬食，可生拌、炒、烧、炸等，与荤类原料相配更佳，如炸洋葱圈、洋葱炒肉片、洋葱烧肉。

②蒜

蒜又称为大蒜、蒜头、胡蒜、独蒜等。地下鳞茎由灰白色外皮包裹，称为“蒜头”，内有小鳞茎 5～30 枚，称为“蒜瓣”。按蒜瓣外皮呈色的不同，分紫皮蒜，白皮蒜两类，蒜肉均呈乳白色；按蒜瓣大小不同，分为大瓣种和小瓣种两类；按分瓣与否，分为瓣蒜、独蒜。烹饪中常用作调味配料，具有增加风味、去腥除异、杀菌消毒的作用，与葱、姜、辣椒合称为调味四辣，用于生食凉拌、烹调、糖渍、腌渍或制成大蒜粉；也可作为蔬菜应用于烧、炒的菜式中，如蒜茸苋菜、大蒜烧肚条、大蒜烧鲢鱼等。

③百合

百合又称为白百合、蒜脑薯、蒜瓣薯、中逢花等。我国甘肃、湖南等地所产百合享有盛名。地下鳞茎近球形，由片状鳞片层层抱和而成。芳香中略带苦味。百合除作为药膳的常用原料外，在烹饪中主要作甜菜的用料，如百合羹、百合莲藕等；也可配荤素原料用于炒、煮、蒸、炖等菜式，如百合炒肉片、百合猪蹄；或用于酿式菜肴，如百合酿肉；还可以煮粥，或提取淀粉制作糕点。

④藠头

藠头又称为薤、荞头、荞葱、火葱等。鳞茎呈狭卵形，横径1～3cm，不分瓣，肉质白色，质地脆嫩，有特殊辛辣香味。主要品种有南藠、长柄藠和黑皮藠。主要用于腌渍和制罐，制成酱菜、甜渍菜，如甜藠头；也可鲜食，用于作馅、配菜、拌食、煮粥，如藠头炒剁鸡、薤白粥。

3）球茎蔬菜

球茎为地下茎末端肥大呈球状的部分，是适应贮藏养料而越冬的变态茎。芽多集中于顶端，节与节间明显，节上着生膜质状鳞叶和少数腋芽。球茎富含淀粉，以及蛋白质、维生素和矿物质。具有爽脆或绵糯的口感，有的尚具独特的风味，如芋艿。

①荸荠

荸荠又称为马蹄、水芋、红慈姑、地栗等。地下匍匐茎先端膨大为球茎，呈扁圆形。质地细嫩，肉白色，富含水粉、淀粉，味甜。按淀粉含量分为水马蹄型和红马蹄型。水马蹄型含淀粉多，质地较粗，适于熟食或制取淀粉；红马蹄型富含水分，茎柔甜嫩，粗渣少，适于生食及制罐。可生食代果或制成甜菜，如荸荠饼；也可采用炒、烧、炖、煮的方法烹制菜肴，常配荤料，如荸荠炒肉片、地栗炒豆腐、荸荠丸子等；还可提取淀粉，称为“马蹄粉”；也是制罐的原料，如糖水荸荠。

荸荠

②慈姑

慈姑又称为茨菰、剪头草、白慈姑、白地栗等。八、九月间自叶腋抽生的匍匐茎钻入泥中，先端1～4节膨大成球茎。烹饪中可炒、烧、煮、炖食，如慈姑烧鸡块、椒盐慈姑、慈姑烧咸菜；或蒸煮后碾成泥状，拌以肉沫制成慈姑饼；也常作为蒸菜类的垫底；还可加工制取淀粉。

慈姑

③芋

芋又称为芋艿、芋头、芋魁、芋根等。地下肉质球茎呈圆、卵圆、椭圆或长形；皮薄粗糙，褐色或黄褐色。肉质细嫩，多为白色

或白色带紫色花纹，熟制后芳香软糯。在烹饪制作中，芋可采用烧、炖、煮、蒸等烹制方法入菜，荤素皆宜，如芋艿全鸭、双菇芋艿、芋母烧肉；也用以制作小吃、糕点，如五香芋头糕、桂花糖芋艿；或用于淀粉的提取及制浆，如用白芋浆制成的雪束。

芋

④魔芋

魔芋又称为蒟蒻、花秆莲。块茎很大，呈扁球形。块茎富含魔芋甘露多糖，果胶等成分。但因含有毒的生物碱，需加工成魔芋粉后，在经石灰水或碱水进一步处理去毒后，加工成魔芋豆腐、魔芋粉条、素鸡胗、素肚花、雪魔芋等制品。魔芋口感柔韧，富有弹性。魔芋豆腐在烹饪中常用于烧烩菜式，如魔芋烧鸭、家常魔芋等；素鸡胗、素肚花可用于炒、拌等方法。此外，魔芋制品也是烫火锅的常用原料。

魔芋

4）根状茎蔬菜

根状茎又称为根茎，是多年生植物的根状地下茎。有节与节间之分，节上有退化的鳞叶，并具顶芽和腋芽。富含淀粉和水分，质地爽脆、多汁。

①藕

藕又称为莲、莲藕、莲菜、菜藕、果藕等。藕的品种较多，按上市季节可分为果藕、鲜藕和老藕；按花的颜色可分为白花莲藕、红花莲藕；按用途可分为花用种、籽用种和藕用种。在烹饪中，藕可生食，一般拌、炝、炒多选用白花莲藕，烧、炖、煮、蒸等多选用红花莲藕。它可磨粉作藕圆子或藕饼；充当素馔中的鸡片；常用于酿式菜肴的制作，如八宝酿藕、锅贴藕盒。此外，也可提取淀粉，即“藕粉”，调食或作菜肴芡粉及宴席甜菜的稠汤料；或用于蜜饯的制作，如糖藕片。

②姜

姜又称为生姜、鲜姜、黄姜等。主要分为灰白皮姜、白黄皮姜和黄皮姜三个品种。若按采收上市期的不同，可分为嫩姜、老姜和种姜。腐烂后的姜块中产生毒性很强的黄樟素，不宜食用。在烹饪制作中，嫩姜适于炒、拌、泡蔬食及增香，如子姜牛肉丝、姜爆鸭丝等；老姜主要用于调味，去腥除异增香。此外，还可干制、酱制、糖制、醋渍及加工成姜汁、姜粉、干姜、姜油等。

（三）叶菜类

叶菜类蔬菜是指以植物肥嫩的叶片、叶柄为食用对象的蔬菜。品种繁多，有的形态普通，如小白菜、菠菜、苋菜等；有的形体较大，且心叶抱合，如大白菜、叶用甘蓝等；有的则具特殊的香辛风味，如韭菜、芹菜、葱、茴香等。叶菜类蔬菜由于常含叶绿素、类胡萝卜素而呈现绿色、黄色，为人体无机盐及维生素 B、维生素 C 和维生素 A 原的主要来源。

1. 大白菜

大白菜又称为卷心白菜、黄秧白、结球白菜、包头白菜等。大白菜在烹饪中的应用极为广泛。它常用于炒、拌、扒、熘、煮等以及馅心的制作；亦可腌、泡制成冬菜、泡菜、酸菜；或制干菜。筵席上做主辅料时，常选用菜心，如金边白菜、油淋芽白菜、干贝秧白、炒冬菇白菜等。此外，它还常作为包卷料使用，如菜包鸡、白菜腐乳等；也是食品雕刻的原料之一，如用于凤凰尾部的装饰。

2. 小白菜

小白菜又称为白菜秧、油白菜、青菜等，为十字花科一年生或两年生草本植物。叶柄白或绿色，故分为白梗白菜、青梗白菜。按供应期又分为秋冬白菜、春白菜、夏白菜三种。小白菜纤维少，质地柔嫩，味清香。烹饪中用于炒、拌、煮等，或作馅心。筵席上多取其嫩心，如鸡蒙菜心、海米菜心；并常作为白汁或鲜味菜肴的配料。此外，也可干制、酸制、腌制。

3. 塌棵菜

塌棵菜又称塌菜、乌塌菜、太古菜、乌菜等。植株矮小，基生叶密生成莲座状，浓墨绿色，叶面平滑或皱缩，叶尖反卷。分塌地型和半塌地型两种。塌地型的植株与地面紧贴，呈圆盘状，叶色墨绿，顶生叶完全露出，如上海塌棵菜、常州乌塌菜；半塌地型的植株与地面呈 45°，顶生叶半抱合，叶尖明显向外翻卷，形似瓢，如瓢儿菜、乌鸡白。质地柔嫩，味甜而具清香，冬季食用味最佳。烹饪中，乌塌菜可炒、煮、作汤、制馅，但不宜加酱油，以保其青翠色及清香味。

塌棵菜

4. 叶用芥菜

叶用芥菜又称为芥菜、主园菜、梨叶、辣菜等。我国有以种子、根、茎、叶、芽、薹为产品的许多变种。按主要供食部位的不同一般分为根用芥菜、茎用芥菜、叶用芥菜、薹用芥菜、芽用芥菜、籽用芥菜等六个变种。叶用芥菜可分为花叶芥、大叶芥、瘤芥、包心芥、分蘖芥、长柄芥、卷心芥等。其质脆硬，具特殊香辣味。嫩株可炒食，腌制或腌后晒干久贮，名产较多，如福建的永定菜干、云南的芥菜酢鲊、浙江的梅干菜及腌雪里蕻等。

叶用芥菜

5. 冬葵

冬葵又称冬菜、冬寒菜、滑菜等，以嫩叶、嫩叶柄作蔬菜。植株较矮，叶半圆形扇状。叶柄长 10～12cm，浅绿色。清香鲜美，入口柔滑。烹饪中主要用于煮汤、煮粥或炒、拌等。

6. 落葵

落葵又称软浆叶、木耳菜、豆腐菜等。按花的颜色分为红落葵和白落葵。柔嫩爽滑，清香多汁。果实可提取食用红色染料，民间常用于糕团、馒头的印花。烹饪上多用以煮汤或爆炒成菜，如落葵豆腐肉片汤、酸茸炒软浆叶。

落葵

7. 豌豆苗

豌豆苗又称豌豆尖、豆苗，以嫩茎或幼苗共食。茎细多枝，质地柔嫩，味甜而清香。烹饪中主要供做汤，如筵席汤菜“鸡蒙豆尖”；或炒、炝、凉拌成菜，并常作为菜肴、面条的配料。

8. 苋菜

苋菜又称青香苋、米苋、仁汉菜等，以幼苗或嫩茎叶供蔬食。依叶型的不同有圆叶和尖叶之分，以圆叶种品质为佳；依颜色有红苋、绿苋、彩色苋之分。此外，在浙江、江西等省还有专取食肥大茎部的茎用苋菜。因苋菜草酸含量高，所以食用前应焯水处理。烹饪中可炒、煸、拌，做汤或做配菜食用。老茎用来腌渍、蒸食、有

似腐乳之风味。

苋菜

9. 蕹菜

蕹菜又称空心菜、藤藤菜等，以嫩茎叶供蔬食。蕹菜分为白花种、紫花种和小叶种三类。按繁殖方式分为子蕹和藤蕹。茎、叶鲜嫩、清香、多汁。烹饪中多用以炒、拌及汤菜。筵席上多取其适令季节的嫩茎叶作随饭小菜，如姜汁蕹菜、素炒蕹菜等。

蕹菜

10. 叶用莴苣

叶用莴苣又称生菜、莴菜、千金菜、千层剥。叶用莴苣品种较多，常分为生菜、结球莴苣（卷心莴苣）、皱叶莴苣（玻璃生菜）、散叶莴苣、直立莴苣。不同品种的生菜，其叶形、叶色、叶缘、叶面的状况各异，但质地均脆嫩、清香，有的略带苦味。烹饪中可用于凉拌、蘸酱、拼盘，或包上已烹调好的菜饭一同进食，或炒食、做汤。

叶用莴苣

11. 结球甘蓝

结球甘蓝又称为卷心菜、莲花白、包心菜、葵花白、洋白菜、圆白菜等。叶用甘蓝可分为尖头型、圆头型、平头型。按颜色可分为白卷心菜、紫卷心菜。其质脆嫩、味甘甜。烹制中适于炒、炝、煮拌、如莲白卷、炝莲白；也可干制、腌制、渍制等。

12. 菊苣

菊苣又称为欧洲菊苣、法国苣荬菜、苦白菜等。菊苣为结球叶菜或经软化栽培后收获芽球的散叶状叶菜。芽球的叶呈黄白色或叶脉及叶缘具红紫色花纹。略具苦味，口感脆嫩、柔美。烹饪中，菊苣的芽球主要用于生吃，高温烹制后变为黑褐色。芽球的外叶可炒食。菊苣的根经过烤炒磨碎后，可加工成咖啡的代用品或添加剂。

13. 孢子甘蓝

孢子甘蓝又称球芽甘蓝、子持甘蓝，为甘蓝种中腋芽能形成小叶球的变种。按叶球的大小分为大孢子甘蓝（直径大于 4cm）及小孢子甘蓝（直径小于 4cm），后者的质地较为细嫩。烹饪中可清炒、清烧、凉拌、煮汤、腌渍等，方法多样，如奶汤小包菜、蚝油小甘蓝。

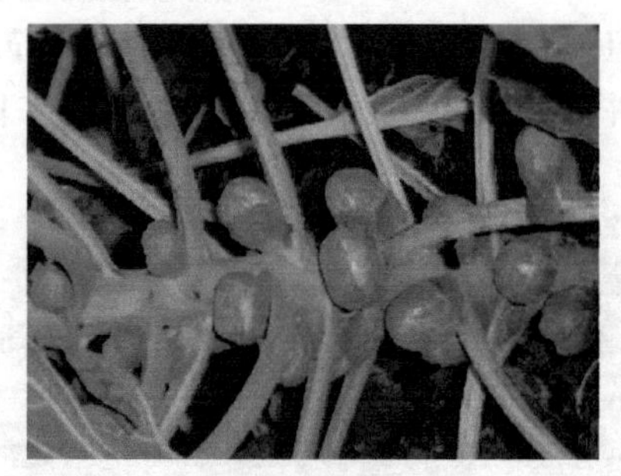
孢子甘蓝

14. 芦荟

芦荟又称为油葱、龙舌草等，品种繁多。菜用芦荟多选择肥厚多汁的品种，如翠绿芦荟、中国芦荟、花叶芦荟等。叶片去皮后呈白色半透明状，味清淡、质柔滑，富含黏液。以生长两年以上的，宽厚、结实、边缘硬，切开后能拉出黏丝的叶片为佳。烹饪中，芦荟可凉拌生食；也可事先将去皮后的新鲜芦荟叶肉整块放入沸水中浸煮 10 分钟左右，以去除黏液，然后炒、煮、焖、炸或做汤；也可用酱油腌渍成芦荟酱菜，风味独特。代表菜式如酥炸芦荟条、芦荟软炸虾仁、芦荟炒鸡丁。

15. 叶用甜菜

叶用甜菜又称牛皮菜、甜白菜等。依照叶柄颜色分为白梗甜菜、绿梗甜菜和红梗甜菜。烹饪中适于炒、煮、凉拌或用于汤中。由于植株中含草酸，故需用沸水煮烫后冷水浸漂，再行烹制。

叶用甜菜

16. 菠菜

菠菜又称雨花菜、角菜、鹦鹉菜、赤根菜等。品种较多，按叶形及种子上有否刺可分为尖叶有刺、圆叶无刺、尖圆叶杂交等品种。菠菜含较多的草酸，故略有涩味。所以食用菠菜时应用沸水焯后浸入冷水中备用。烹饪中用以凉拌、炒或做汤；亦可取嫩叶及其汁制绿色面粉团。代表菜点如姜汁菠菜、菠菜鸡蛋汤、菠菜面、三色汤圆等。

菠菜

17. 茼蒿

茼蒿又称同蒿、逢蒿、春菊等，以嫩茎叶供食。分为大叶种（叶大，香味浓，品质佳），小叶种（叶小，多分枝，耐寒）和花叶种三类。嫩茎叶和侧枝柔嫩多汁，有特殊香气。烹饪中可用于煮、炒、凉拌或做汤。代表菜式如蒜茸炒茼蒿、凉拌茼蒿菜。

茼蒿

18. 芹菜

芹菜又称胡芹、旱芹、香芹等，为伞形科二年生草本植物。依产地的不同，芹菜可分为本芹和洋芹。本芹为中国类型，根大，叶柄细长，香味浓。洋芹为芹菜的欧洲类型，根小，株高，叶柄宽而肥厚，实心。辛香味较淡，纤维少，质地脆嫩，如西芹（又称玻璃脆）。又依叶柄的色可将其分为青芹、白芹；依生长环境又有旱芹、水芹之分。烹饪中常用来炒、拌或做馅心，或用于调味、菜肴的装饰。筵席上常选其黄化种——芹黄作辅料，如芹黄肚丝、芹黄鸡丝等。

芹菜

19. 芫荽

芫荽又称香菜、胡荽、香荽等，为伞形科芫荽的带根全草。有特殊浓郁香味，质地柔嫩。烹调中常用作拌、蒸、烧等菜品中牛、羊肉类菜的良好佐料；亦可凉拌或兑作调料，制馅心；或用于火锅类菜肴的调味以及菜肴的装饰、点缀。

芫荽

20. 茴香

茴香又称菜茴香、茴香菜、香丝菜，亦称山茴香。全株被有粉霜和强烈香辛气。有大茴香、小茴香两个品种之分。烹饪中用以调味、拌食、炒或作馅心。

茴香

21. 球茎茴香

球茎茴香又称佛罗伦萨茴香、意大利茴香、甜茴香等。球茎茴香的叶柄粗大，且向下扩展成为肥大的叶鞘并相互抱合成质地脆嫩多汁的球茎，成为供食的主要部分；其根和种子也可作香料和蔬菜。球茎茴香在食用前要把外周坚硬的叶柄去掉，中心部位的嫩叶可保留。食用方法多样，西餐制作中，常榨汁或直接作为调味蔬菜使用。中餐中可生食凉拌、炒、作汤、腌渍，也可用于调味。

球茎茴香

22. 韭菜

韭菜又称草钟乳、长生韭、扁菜、懒人菜、起阳草等。韭菜以春茬品质最好，秋茬次之，夏季不宜收割。其遮光品种为韭黄，纤维少，质细嫩，口感舒适。韭菜依食用部分的不同，分为根韭、叶韭、花韭和花叶兼用韭。韭苔即苔用韭菜，原产我国，具韭菜特有的清香辛辣味，质地脆嫩，常用作配料。烹饪中常作为馅心用料，亦可生拌、炒食、做汤、调味或腌渍。代表菜点如韭菜炒鸡蛋、韭菜猪肉饺。

韭菜

23. 葱

葱又称大葱、汉葱、直葱等，原产于我国。葱的品种较多，常分为三类。一类为普通大葱，植株较高，假茎粗长，蔬食或调味。其中最常见的为分葱，它又被称为小葱、菜葱。假茎细而短，分蘖力强，主要用于调味。

普通大葱

另一类为香葱，又称细香葱、北葱等。植株小，叶极细，质地柔嫩，味清香，微辣，主要用于调味。

香葱

还有一类为楼葱，又称观音葱，为大葱的变种，鳞茎叠生如楼，葱叶短小，质量较差。

楼葱

葱与姜、蒜、干辣椒合称为“四辣”。烹饪中可生食、调味、制馅心或作菜肴的主、配料，如葱爆肉、京酱肉丝、大葱猪肉饺等。

24. 豆瓣菜

豆瓣菜又称为水焯菜、无心菜、水田芥等，俗称西洋菜。小叶卵形或椭圆形，深绿色。具一定的香辛气味。烹饪中可用于荤素菜肴的制作，或煮汤。

豆瓣菜

25. 香椿

香椿又称椿芽，为楝科椿树的嫩芽，清明前后上市。质柔嫩，纤维少，味鲜美，具独特清香气味。烹饪中可拌、炒、煎，如椿芽炒蛋、椿芽拌豆腐等；亦常加工成腌制品或干菜。加热时间不宜长，最好起锅前或食用时放入。

香椿

26. 蕺菜

蕺菜又称鱼腥菜、蕺儿根，以嫩茎叶供食，此外，嫩根也可入菜。具有特异气味和一定的辛辣味。烹饪中常用于凉拌、煮汤或调味；其根主要用于炖食。

蕺菜

27. 香蒲

香蒲又称蒲芽、蒲白、草芽等，以济南和昆明所产最为著名。

香蒲的植株下部嫩茎及紧抱其上的叶鞘称蒲菜或茭白芯。水下匍匐茎先端最嫩的一段，称为草芽，白色，有节。蒲菜及草芽均具有特殊的清香。柔嫩略脆，味甚鲜美。采收期为 4 月到 5 月。老熟的根茎富含淀粉，可供酿酒。烹饪上用以炒食或做汤，如著名的山东菜“奶汤蒲菜”。

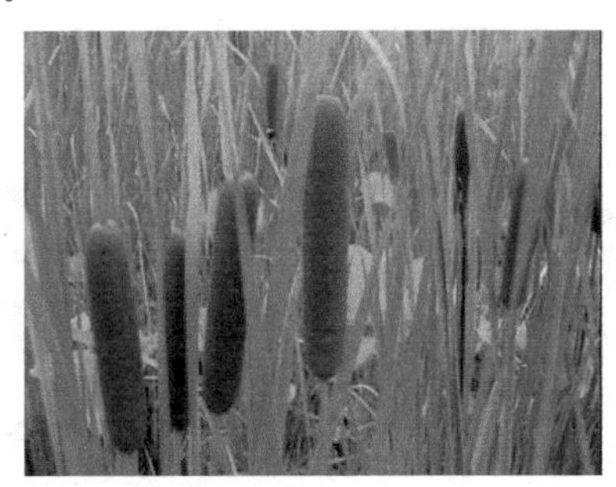

香蒲

28. 荠菜

荠菜又称芨芨菜、护生草、菱角菜。荠菜的嫩叶尤其是嫩根味鲜，具特殊的清香味。野生或人工栽培。荠菜的栽培种分板叶荠菜和散叶荠菜。烹饪中用于炒、拌，或做馅心。代表菜点如荠菜炒百合、荠菜猪肝汤、荠菜猪肉饺。

荠菜

29. 莼菜

莼菜又称淳菜、水葵、湖菜、水荷叶等。为一地方特产，以太湖、西湖所产为佳。按色泽分为红花品种（叶背、嫩梢、卷叶均为暗红色）和绿花品种（叶背的边缘为暗红色）。由于其有黏液，故食用时口感润滑，风味淡雅。烹调时应先用开水焯熟，然后下入做好的汤或菜中。烹饪中多制高级汤菜，润滑清香，如芙蓉莼菜、清汤莼菜等；也可拌、熘、烩，如鸡绒莼菜、莼菜禾花雀等。

莼菜

（四）花菜类

花可分为花柄、花托、花萼、雌蕊群、雄蕊群五部分。

花类蔬菜是以植物的花冠、花柄、花茎等作为食用部分的蔬菜。其质地柔嫩或脆嫩，具特殊的清香或辛香气味。若以花冠供食，则加热时间需短，如菊花、桃花等。

1. 花椰菜

花椰菜又称菜花、花菜等。其质地细嫩、粗纤维少、味甘鲜美。按其生长期的不同，分为早熟种、中熟种及晚熟种。烹饪中，常先焯水或划油断生，继之入烹调味，急火快出锅，以保持其清香脆嫩。花椰菜在烹调中可作主料或配料，且最宜与动物原料合烹，如花菜焖肉、菜花炒肉、金钩花菜等。

花椰菜

2. 茎椰菜

茎椰菜又称绿菜花、青花菜、西兰花等。茎椰菜介于甘蓝、花椰菜之间，品质柔嫩，纤维少，水分多，色泽鲜艳，味清香，脆甜，风味较花椰菜更鲜美。烹饪中，可烫后拌食、或炒，亦可用于配色、围边。

茎椰菜

3. 金针菜

金针菜又称黄花菜、萱菜、黄花等，以幼嫩花蕾供食。以山西大同所产质量最好，湖南产量最多。金针菜常见品种有黄花菜、北黄花菜、红萱等。以新鲜花蕾或干花蕾供食，因鲜品的花蕊中含较多的秋水仙碱故需摘除或煮熟后供食。而干品经过了蒸制，故毒性丧失，质地柔嫩，具特殊清香味。烹饪中可用以炒、汆汤，或作为面食馅心和臊子的原料，如黄花炒肉丝、黄花鸡丝汤等。

金针菜

4. 朝鲜蓟

朝鲜蓟又称洋蓟、洋百合、菜蓟，为菊科多年生草本植物。主要食用部位为幼嫩的头状花序的总苞、总花托及嫩茎叶。味清香，脆嫩似藕。茎叶经软化后可做菜煮食，味清新。食用花蕾时，先放入沸水中煮25～45分钟至苞片易剥开时取出，分离苞片、花托，即可凉拌、炒食、做汤或挂糊炸食。

朝鲜蓟

5. 菜薹

菜薹又称菜心、菜尖等，为白菜的变种，以花薹、花梗、花蕾及叶供食。花薹发达，质地致密，纤维少，味清淡。按花茎及叶的颜色分为绿菜薹、紫菜薹。中餐烹饪中常炒食，并多与肉类合烹，如火腿菜薹、腊肉炒菜薹等。初加工时需撕去花薹的含纤维表皮。

菜薹

6. 菊花

菊花又称甘菊、金蕊、甜菊花、真菊等，以花瓣或嫩芽叶供食。烹饪中可拌、炒，或做汤，又可作饼、糕、粥等，如菊花火锅、腊肉蒸菊饼、菊花三蛇羹、菊花火锅等。

菊花

7. 荷花

荷花又称莲、水花等，为睡莲科多年生水生草本植物。夏季开花，花大，呈红色、粉红色或白色，单瓣或重瓣，质地柔嫩，味道清香。烹饪中选择白色或粉色荷花的中层花瓣供食，如山东的炸荷花、广东的荔荷炖鸭等。

荷花

8. 玉兰花

玉兰花又称辛夷。早春先叶开花，花大，芳香，纯白色，单生于枝顶。玉兰花瓣肉质较厚，而且具有清香的风味。烹饪中可挂糊后油炸，为筵席菜品；或夹豆沙后挂糊炸食，如云南的樱桃肉烧玉兰、福建的玉兰酥香肉。

玉兰花

9. 大丽花

大丽花又称天竺牡丹、西番莲、大理菊、洋芍药等。春夏间陆续开花，越夏后再度开花。头状花序，单瓣或重瓣，舌状花有红、黄、橘黄、紫、白等色。花瓣可供作菜肴。烹饪中可凉拌或炒食，如台湾的大丽菊凉拌肉丝。

大丽花

（五）果菜类

果类蔬菜是以植物的果实或幼嫩的种子作为食用部分的蔬菜。大多原产于热带，为蔬菜中的一大类别。

果实种类较多，与烹饪有关的果实可分为三大类，即豆类蔬菜（荚果类蔬菜）、茄果类蔬菜（浆果类蔬菜）和瓠果类蔬菜（瓜类蔬菜）。

豆类蔬菜是指以豆科植物的嫩豆荚或嫩豆粒供食用的蔬菜。富含蛋白质及较多的碳水化合物、脂肪、钙、磷和多种维生素，营养丰富，滋味鲜美。除鲜食外，还可制作罐头和脱水蔬菜。在蔬菜的周年均衡供应中占有重要地位，如菜豆、豇豆、刀豆、扁豆、青豆、嫩豌豆等。

茄果类蔬菜又称浆果类蔬菜，即茄科植物中以浆果供食用的蔬菜，此类果实的中果皮或内果皮呈浆状，是食用的主要对象。茄果类蔬菜富含维生素、矿物质、碳水化合物、有机酸及少量蛋白质营养丰富。可供生吃、熟食、干制及加工制作罐头。它产量高、供应期长，在果菜中占有很大比重，如茄子、番茄、辣椒等。

瓠果类蔬菜又称瓜类蔬菜，指葫芦科植物中以果实供食用的蔬菜。该类蔬菜大多起源于亚洲、非洲、南美洲的热带或亚热带区域，其果皮肥厚而肉质化，花托和果皮愈合，胎座呈肉质，并充满子房。

富含糖类、蛋白质、脂肪、维生素与矿物质。可供生吃、熟食及加工和制作罐头，亦是食品雕刻的常用原料之一。

1. 菜豆

菜豆又称豆角、芸豆、四季豆、梅豆等。荚果呈弓形、马刀形或圆柱形。大多为绿色，亦有黄、紫色或具斑纹。豆荚的外皮层含皂苷和菜豆凝集素，所以可引起食物中毒，但受高热后皂苷和凝集素可被破坏，故应采取长时间的烹制方法、如焖、煮、烧、煸等。代表菜式如干煸四季豆、油焖豆角。

2. 豇豆

豇豆又称腰豆、长豆、浆豆、带豆等，为豆科植物一年生草本。荚果为长圆条形，呈墨绿色、青绿色、浅青白色或紫红色。供食用的有三种，即豇豆、长豇豆和饭豇豆。其中，长豇豆肉质肥厚脆嫩，品种又有粗细之分，分称为菜豇豆和泡豇豆。烹饪中，豇豆荤素搭配皆宜，以酱烧，烧肉为主，也可拌食，炒食；还可以干制、腌制。代表菜式如蒜泥豇豆、姜汁豇豆、烂肉豇豆、干豇豆烧肉等。

3. 刀豆

刀豆又称中国刀豆、大刀豆、皂荚豆等。其荚果形状似刀，故名。嫩豆荚大而宽厚，表面光滑，浅绿色，质地较脆嫩，肉厚味美品种有大刀豆、洋刀豆之分。烹饪中可炒、煮、焖或腌渍、糖渍、干制。成熟的籽粒供煮食或磨粉代粮。

4. 扁豆

扁豆又称鹊豆、峨嵋豆等。荚果微弯扁平，宽而短，倒卵状长椭圆形，呈淡绿、红或紫色，每荚有种子 3～5 粒。以嫩豆荚或豆粒供食。因嫩豆荚含有毒蛋白、菜豆凝集素及可引发溶血症的皂素，所以需长时加热后方可食用。烹饪中常炒、烧、焖、煮成菜，如酱烧扁豆、扁豆烧肉、扁豆烧百页等；也可作馅，或腌渍和干制，干制后的豆荚烧肉风味独特。

扁豆

5. 青豆

青豆即菜用大豆，亦称毛豆、枝豆等，为大豆的嫩籽粒，我国特产。嫩豆粒味道鲜美，营养丰富。烹饪中可炒、烧、煮、蒸、凉拌、速冻和加工罐头，并具有配色、配形及点缀装饰的作用。

6. 嫩豌豆

嫩豌豆又称青元、麦豆等，为豌豆的软荚嫩果或幼嫩种子。供蔬食的为菜用豌豆，有软荚及硬荚之分。

软荚豌豆即甜荚豌豆，以嫩荚和豆粒供蔬食，原产英国。嫩豆荚质地脆嫩，味鲜甜，纤维少；当豆粒成熟后果皮即纤维化，失去食用价值，常称为荷兰豆。甜脆豌豆为软荚豌豆新品种，又称为蜜豆，原产欧洲，以嫩荚果，嫩梢供食。与其他荚用豌豆相比，其荚果呈小圆棍形，果皮肉质化直至种子长大充满豆荚，仍然脆嫩爽口。硬荚豌豆即矮豌豆（白花豌豆），以青嫩籽粒供食用。烹饪中常用于烩、烧、煮、拌，也可制泥炒食，或作配料，筵席上亦常选用，如豌豆泥、金钩青元、鱼香豌豆等，亦可速冻罐藏。

7. 茄子

茄子又称茄瓜、落苏等，以其嫩果供食。营养成分中以糖类为主体；铜含量丰富，并含有 Ca、P、Fe 及多种维生素以及少量的特殊苦味物质茄碱苷。烹饪中常用以红烧、油焖、蒸、烩、炸、拌；

或腌渍、干制。茄子适于多种调味，并常配以大蒜烹制，代表菜式如鱼香茄子、软炸茄饼、酱烧茄条、琉璃茄子等。

8. 番茄

番茄又称西红柿、洋柿子、爱情果等，品种繁多，大小差异较大。除生食代果外，烹饪中适于拌、炒、烩、酿、汆汤；还可制番茄酱。代表菜式如酿番茄、番茄烩鸭腰、番茄鱼片、番茄炒蛋等。

9. 辣椒

辣椒又称海椒、番椒、香椒、大椒、辣子等，有许多变种和品种，果形多样。根据辣味的有无，通常将蔬食的辣椒分为辣椒和甜椒两大类。

甜椒果形较大，色红、绿、紫、黄、橙黄等，果肉厚、味略甜，无辣味或略带辣味。甜椒按果型大小可分为大甜椒，大柿子椒和小圆椒三种。辣椒果形较小，常为绿色，偶见红色、黄色，果肉较薄，味辛辣。烹饪中辣椒的嫩果可酿、拌、泡、炒、煎或调味、制酱等，代表菜式如酿青椒、虎皮青椒、青椒肉丝、青椒皮蛋等。

10. 黄瓜

黄瓜又称刺瓜、胡瓜、青瓜等，以幼果供食。果实表面疏生短刺，并有明显的瘤状突起，也有的表面光滑。按果形可分为刺黄瓜、鞭黄瓜、短黄瓜、小黄瓜。烹饪中生熟均可，黄瓜可拌、炒、焖、炝、酿或作菜肴配料、制汤，并常用于冷盘拼摆、围边装饰及雕刻，还常作为酸渍、酱渍、腌制菜品的原料。代表菜式如炝黄瓜条、干贝黄瓜、蒜泥黄瓜、翡翠清汤等。

11. 西葫芦

西葫芦又称美国南瓜、番瓜、搅瓜等，以嫩果供食。果实多长圆筒形，果面平滑，皮色墨绿、黄白或绿白色，可有纹状花纹；果肉厚而多汁，味清香。烹饪中可供炒、烧、烩、熘，或作为荤素菜肴的配料及制汤、作馅。

西葫芦

12. 笋瓜

笋瓜又称印度南瓜、北瓜等，多以嫩果供食。瓠果的形状和颜色因品种而异，可分为黄皮笋瓜，白皮笋瓜和花皮笋瓜三种。笋瓜的果肉厚而松，肉质嫩如笋，味淡，甜度不等。烹饪中常切片、丝炒食，或切块、角烧烩，荤素均可搭配，也常用于馅心的制作。

笋瓜

13. 丝瓜

丝瓜又称天罗、布瓜、天络瓜等，以嫩果供食。按瓠果上有棱与否，分为普通丝瓜和棱角丝瓜。嫩果的肉质柔嫩，味微清香，水分多。烹饪中适于炒、烧、扒、烩，或作菜肴配料，最宜于做汤；筵席上还常用其脆嫩肉皮配色做菜。代表菜式如丝瓜卷、丝瓜肉茸、

丝瓜熘鸡丝、菱米烧丝瓜、滚龙丝瓜等。

14. 苦瓜

苦瓜又称凉瓜、红姑娘、癞瓜等，以嫩果供食。按果形和表面特征分为长圆锥形和短圆锥形两类；按果实颜色分浓绿、绿和绿白等幼果味苦，肉质脆嫩清香，富含维生素C。烹制时去瓜瓤后，可单独或配肉、辣椒等炒、烧、煸、焖、酿、拌等。代表菜式如酿苦瓜、干煸苦瓜、苦瓜烧肉、苦瓜炒蛋等。若要减少苦味，可加盐略腌或在沸水中漂烫，但对维生素C的破坏较大。

15. 瓠瓜

瓠瓜又称葫芦、瓠子等，以嫩果供食。瓠瓜的果实呈长圆筒形或腰鼓形；皮色绿白，且幼嫩时密生白色绒毛，其后渐消失；果肉白色，厚实，松软。按果形分为四个变种，即瓠子、大葫芦瓜、长颈葫芦和细腰葫芦。烹饪上瓠瓜可单独或配荤素料炒、烧、烩、瓤，且最宜做汤，如瓠子炖鸡、素炒瓠片。

瓠瓜

16. 冬瓜

冬瓜又称白瓜、枕瓜、白冬瓜等。瓠果呈圆、扁圆或长圆筒形；多数品种的成熟果实表面被有绒毛及白粉；果肉厚，白色，疏松多汁，味淡。冬瓜富含维生素C，钾高钠低，具清热、利尿、消暑作用，尤适于肾病患者，并且为盛夏主要蔬菜之一。冬瓜在烹饪中可单独烹制或配荤素料，适于烧、烩、蒸、炖，常作为夏季的汤菜料。

筵席上常选形优的进行雕刻后作酿制品种，如冬瓜盅，亦可制蜜饯，如冬瓜糖。代表菜式如干贝烧冬瓜、酸菜冬瓜汤、白汁瓜夹等。

17. 南瓜

南瓜又称中国南瓜、北瓜、倭瓜、饭瓜等。瓠果长筒形、圆球形、扁球形、狭颈形等。嫩南瓜味清鲜、多汁，通常炒食或酿馅，如酿南瓜、醋熘南瓜丝等。老南瓜质沙味甜，是菜粮相兼的传统食物，适宜烧、焖、蒸或作主食、小吃、馅心，代表菜点如铁扒南瓜、南瓜蒸肉、南瓜八宝饭、焖南瓜、南瓜饼等，并且是雕刻大型作品如龙、凤、寿星等的常用原料。

四、孢子植物蔬菜品种

孢子植物是藻类、菌类、地衣、苔藓和蕨类植物的总称。在这些孢子植物中，供食用的有食用藻类、食用菌类、食用地衣类和食用蕨类。

（一）食用藻类

1. 藻类植物的特点

（1）藻类植物是一类含有叶绿素和其他辅助色素，能进行光合作用的低等自养植物。

（2）植物体由单细胞、群体细胞或多细胞组成。无根、茎、叶的分化，构造简单。

2. 藻类的营养成分

（1）主要为糖类，占35%～60%，大多为具特殊黏性的多糖类，一般难以消化，但具一定的医疗作用。

（2）含有蛋白质，褐藻中含量为6%～12%，紫菜中最高，达39%，但营养价值不高。

（3）含有丰富的胡萝卜素，一定量的B族维生素以及钾、钠、钙、镁、铁等无机盐，而海产藻类所含有的丰富的碘，是人体摄取碘的重要来源。

3. 用藻类的品种

1）海带

海带又称江白菜，古称昆布。一般在夏季采收。藻体扁平呈带状，褐色，长 2～4m，基部有叉状分枝的固着器，其上为一圆柱状短柄。干制品表面有白色粉末，为析出的甘露醇，碘含量亦以表层为多，故食前不宜用大量入水久浸，以免损失营养成分，且不易煮烂。宜干蒸半小时，再用五倍量的清水浸泡回软，即可恢复原有的爽脆感。干、鲜均可食，适于炒、烧、拌、烩、汆汤、炖、煮等。代表菜式如扒海带、海带冬瓜汤、海带烧牛肉等；还可制成方便食品，如五香海带、芝麻海带、海带条等，并具有配色、配形的作用。

2）紫菜

紫菜为红藻门红毛菜科植物的统称。藻体呈膜状，紫褐、紫红、黄褐或褐绿色，由单层或双层细胞组成，形状因种类而定，一般为圆形或长形。种类较多，如甘紫菜、条斑紫菜、坛紫菜等。有特殊海味的芳香，入口柔嫩易化。紫菜富含蛋白质和碘（1800mg/kg），碘含量仅次于海带、磷、铁、钙和胡萝卜素，核黄素的含量也较高。紫菜干鲜均可入烹，多用于制汤，如紫菜虾皮汤；或制作凉拌菜，用于冷菜的配色，并可作为包卷料使用。

3）石花菜

石花菜又称牛毛菜、冻菜、琼枝等。藻体多年生，直立丛生，基部以假根状固着器固着。主枝圆柱形或扁压，两侧伸出羽状或不规划分枝，分枝上再生短侧枝。富含黏性多糖——琼脂，加热至80℃开始溶解，冷却至40℃成为透明凝胶。烹制时多用干品。食用前以冷水浸软后，用热水稍烫即可凉拌，切不可长时加热；亦可煮成溶胶后，加果肉、果汁等配料，冷却后成甜冻，是夏季优良清凉食品；并且是工业上提取琼脂的主要原料。

石花菜

4）发菜

发菜为一种野生陆地藻类，藻体细长如发，故名之。藻体由多数球形或椭圆形的细胞连接成丝状，共同包埋在胶状物质形成的外鞘中；新鲜时呈橄榄绿色，风干后变成黑色。气候干旱时紧贴地面，处于休眠状态；阴雨潮湿时，吸水发育，膨大变软，所以拣拾都在夏季多雨时。其质地脆嫩，味清淡。

烹饪中常与鲍鱼、干贝、虾米等鲜味原料合烹；可拌、炒、蒸、烩等；可作瓤料，也可制作甜点，并常在工艺菜中应用。西北地区常与鸡蛋同蒸；亦可单独蒸后加入姜丝、葱花、酱油、醋、糖等凉拌，其脆嫩鲜美的口感甚于海蜇。代表菜式如发菜甲鱼、金钱发菜、发菜扣牦豉、发菜莲子羹。

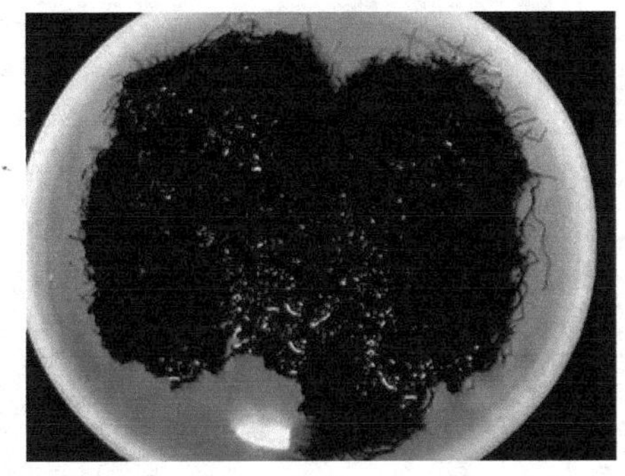

发菜

5）葛仙米

葛仙米又称地皮菜、地耳、地软等。藻体为由无数藻丝互相缠绕、外包胶鞘的大型球形或不规则状群体。鲜品为蓝绿色；洗净晒干后呈亚圆球形，大的似黄豆，小的似赤豆，墨绿色。附生于水中的砂石间或阴湿泥土上。味似黑木耳，滑而柔嫩。食用时用水浸泡回软，除去基部杂质后，即可用来制汤、甜羹或馅心。代表菜点如地软包子、醪糟醅烩葛仙米。

葛仙米

6）石莼

石莼又称海白菜、海菠菜、蛎皮菜等。藻体为由两层细胞构成的绿色膜状体，宽而薄，鲜绿色或黄绿色，长可达 40cm 以上。味道鲜美，口感脆嫩，具特殊藻海藻香味，一般晒干后供食用。有时可代替紫菜。烹饪中经水发制后可以生拌、或炒、煮、做汤。

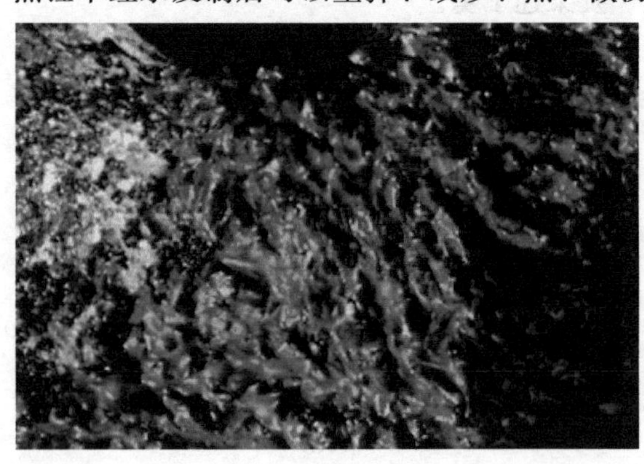

石莼

（二）食用菌类

食用菌类是指以肥大子实体供人类作为蔬菜食用的某些真菌。已知的约有 2000 多种，广泛被食用的约 30 余种。

1. 食用菌类的营养成分和风味特点

（1）蛋白质含量占干重的 20%～40%，且有一半处于非蛋白状态，如谷胱甘肽、氨基酸等。

（2）绝大多数具有特殊的鲜香风味，如鸡枞、香菇、竹荪、侧耳、鸡油菌等。

（3）某些品种因含特殊的多糖类物质，而具有增强免疫力和防癌抗癌的功效，如香菇、猴头菇等。

（4）各种维生素、矿物质的含量较丰富。

2. 食用菌类的分类

（1）按其生长方式，分为寄生、互生、腐生三种方式。

（2）按商品来源，分野生和栽培两类。

（3）按加工方法，可分为鲜品、干品、腌渍品和罐头四类。

3. 典型的食用菌类

1）木耳

木耳又称黑木耳、云耳等。子实体耳状或杯形，渐成叶状，胶质半透明，干燥后深褐色至近黑色。常见的品种有细木耳和粗木耳两类。细木耳的耳瓣薄、体质轻，质地细腻，入口鲜糯、质优，成菜甜、咸均可；粗木耳即毛木耳，朵大而厚，质粗体重，入口脆硬，品质较差，一般用于咸味菜肴。另种毛木耳外形和木耳相似，惟短毛较多，质较硬而脆，在烹制上既可作主料，也可作配料。可与多种原料搭配，适于炒、烩、拌、炖、烧等，并常用来做菜肴的装饰料。

2）银耳

银耳又称白木耳、雪耳。子实体由许多瓣片组成，状似菊花或鸡冠，白色、胶质、半透明、多皱褶。质硬而脆，煮后胶质浓厚，润滑可口。我国许多地区均有栽培，以福建所产的“樟州银耳”最负盛名。烹制中，银耳常与冰糖、枸杞等共煮后作滋补饮料；也可采用炒、熘等方法与鸡、鸭、虾仁等配制成佳肴。代表菜式如珍珠银耳、雪塔银耳、银耳虾仁。

3）香菇

香菇又称香菌、冬菇、香信、香蕈等。味鲜而香，质地嫩滑，而具有韧性，为优良食用菌。以隆冬严寒、霜重雪厚时所产最佳。因气候越冷，香菇菌伞张得越慢，故肉质厚而结实。若表面有菊花纹，称为花菇；若无花纹，称为厚菇，二者均又称为冬菇。春天气候回暖，菇伞开得快，大而薄，称为春菇或薄菇，品质稍次；若菌盖直径小于2.5cm的小香菇，称为菇丁，质柔嫩，味清香。烹饪中鲜，干均可用。可作主料，也可作配料。可炒、炖、煮、烧、拌、做汤、制馅及拼制冷盘，并常用于配色。代表菜式如香菇炖鸡、葱油香菇、香菇菜心。

4）侧耳

侧耳又称冻菌、平菇、鲍菇、北风菌等，种类较多，常见品种有糙皮侧耳、美味侧耳、环柄侧耳、榆皇蘑、凤尾菇、鲍鱼菇等，以鲍鱼菇质量为最佳。质地肥厚、嫩滑可口，有类似于牡蛎的香味。烹制上常用鲜品，也可加工成干品、盐渍品。采用炒、炖、蒸、拌、烧、煮等方法成菜、制汤。代表菜式如平菇炒菜心、火腿冻菌、凉拌北风菌、椒盐平菇等。

5）金针菇

金针菇又称朴菇、构菌、金菇、毛柄金钱菌等。子实体状似金针菜，是著名的观赏菌之一。滋味鲜甜，质地脆嫩黏滑，有特殊清香。烹饪上可凉拌、炒、扒、炖、煮汤及制馅等。代表菜式如金针菇炒腰花、金针菇扒鸡脏。

6）竹荪

竹荪又称僧笠蕈、长裙竹荪，为名贵的野生食用菌类，现已有人工栽培。子实体幼时呈卵球形，成熟时包被开裂，伸出笔状菌体，顶部有具显著网格的钟状菌盖，菌盖上有微臭、暗绿色的产孢体；菌盖下有白色网状菌幕，下垂如裙。依菌裙长短，可分为长裙竹荪和短裙竹荪。肉质细腻，脆嫩爽口，味鲜美。烹制上常用烧、炒、扒、焖的方法，尤适于制清汤菜肴、并常利用其特殊的菌裙制作工艺菜。代表菜式如推纱望月、白扒竹荪。

竹荪

7）猴头菌

猴头菌又称猴头菇、阴阳菇、刺猬菌等。我国大多数省份均产，以东北大、小兴安岭所产最著名。子实体肉质、块状，除基部外，均密生肉质、针状的刺，整体形似猴头。肉质柔软，嫩滑鲜美，微带酸味，柄蒂部略带苦味。干品在食用前需浸水一昼夜涨发，蒸煮后切片，炒食或烧汤。代表菜式如白扒猴头蘑、砂锅凤脯猴头。

猴头菌

(三) 食用地衣

1. 食用地衣的特点

地衣是真菌和藻类共生的结合体。藻类制造有机物，而真菌则吸收水分并包被藻体，两者以不同程度的互利方式相结合。其生长型主要有壳状地衣、叶状地衣、枝状地衣和胶质地衣四大类型。

地衣的适应能力特别强，能生活在各种环境中，特别能耐干，寒，在裸岩悬壁、树干、土壤以及极地苔原和高山荒漠都有分布，是植物界拓荒的先峰。

2. 食用地衣的品种

1）石耳

石耳又称石壁花、岩苔、石花等，为地衣门石耳科植物。一般生长在悬崖峭壁上，为庐山“三石”之一。地衣体呈叶状、单叶、近圆形，通常背面灰白色或灰褐色，腹面暗黑色或黄褐色。口感硬脆。多用干品，水发后除去杂质，即可炖、煮、烧。因其味淡，需与鲜味原料合烹以赋味。

石耳

2）树花

树花又称为树花菜、柴花、树胡子等。地衣体着生于树皮上，下垂，呈灌木状，多分枝，形似石花菜。采摘后以草木灰水或碱水煮去苦涩味后，漂净晒干，食用时以冷水泡发，沸水烫后拌食，口

感脆嫩香美。代表菜式如树花拌猪肝、酸辣树花。

树花

（四）食用蕨类

1. 食用蕨类的特点

蕨菜植物属于高等植物中较低级的一个类群。现生存的大多为草本植物，少数为木本植物。与低等植物相比，蕨类植物的主要特征是具有发育良好的孢子体和维管系统，孢子体有根、茎、叶之分。它无花，以孢子繁殖。蕨菜植物分为石松纲、水韭纲、松叶蕨纲和真蕨纲。约有 12000 种；我国约有 2600 种，多分布于长江以南各地。

蕨菜植物在经济上用途广泛，可药用（如贯众、骨碎补等），工业用（石松）以及食用（如蕨菜、紫箕等）；有的还可作绿肥饲料（如满江红），或作为土壤的指示剂。

2. 食用蕨类的品种

1）蕨菜

蕨菜又称蕨、蕨儿菜、拳头菜等，以刚出土的嫩叶叶柄及拳曲的幼叶供食，口感脆滑，有特殊香味，称为蕨菜。其根状茎蔓生土中，富含淀粉，俗称蕨粉或山粉，亦可食用，可用来做粉丝、粉皮，或酿酒。鲜品使用时，先在沸水中焯烫，以除去黏液和土腥味。烹饪上常用重油并配荤料炒、炖、烩、熘、凉拌；干品经水发后，用

以炖食。

蕨菜

2）紫萁

紫萁又称为高脚贯众、老虎牙，以嫩叶供食，脆嫩鲜美。此外，民间称为薇菜的为该科的分株紫萁，其嫩芽也可供食。食用时先将嫩叶在沸水中氽烫，然后用于拌、炒、爆、烩等。因其叶形别致，也可用于菜肴的装饰和造型。

紫萁

3）荚果蕨

荚果蕨又称小叶贯众、黄瓜香。它是广东菜，为球子蕨科植物，是蕨类原料中的上乘珍品。其分布于东北、华北、陕西、四川等地，以卷曲嫩叶供食，具黄瓜清香，脆嫩鲜美。烹饪方法同紫萁，代表菜式如油爆黄瓜香、三鲜黄瓜香。

荚果蕨

4）水蕨

水蕨又称岂蕨、龙牙草、水扁柏等，为水蕨科一年生水生草本植物。分布于我国长江以南各地。叶直立或漂浮，质地柔软。以嫩叶入食，口感脆嫩多汁。烹饪中多用于热菜，适宜于扒、汆等烹调方法。

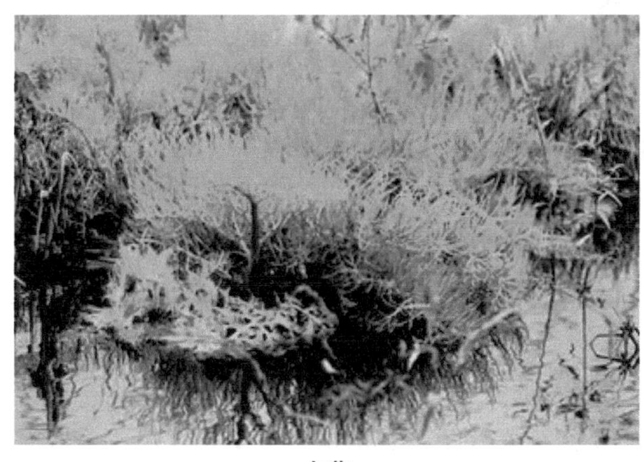

水蕨

五、新鲜蔬菜的初步加工

（一）实训目的和要求

（1）实训目的：通过训练使学生掌握新鲜蔬菜的初步加工方法。

（2）实训要求：要求学生掌握蔬菜加工的基本方法和技巧。新鲜蔬菜品种繁多，应采用相应的加工方法，所以要求学生要因料而异、活学活用。例如，叶菜类蔬菜必须剔去黄叶、老叶等；根茎类应先去皮；豆菜类应去掉夹上的筋络或除去豆荚；而花菜类则应去掉外叶和花托。

（二）器具及原料

（1）器具：盆、盘、剪刀、尖刀。

（2）原料：茭白、山药、土豆、莴笋、冬瓜、南瓜、黄瓜、丝瓜、笋瓜、青豆、扁豆、毛豆、四季豆、西兰花、花椰菜、金针菜等。

（三）操作步骤

新鲜蔬菜在初步加工时需经过整理和洗涤两个步骤。

1. 整理

1）叶菜类蔬菜的整理

叶菜类蔬菜的整理主要是将黄叶、老叶、老帮等不能食用部分及泥沙等杂质剔除。

2）根菜类蔬菜的整理

根茎类蔬菜是指以肥嫩变态的根或茎为烹饪原料的蔬菜，如茭白、山药、土豆、莴笋等。这类蔬菜的整理主要是剥去外层的毛壳或刮去表皮。

3）瓜类蔬菜的整理

常见的瓜类蔬菜有冬瓜、南瓜、黄瓜、丝瓜、笋瓜等，整理时对于丝瓜等除去外皮即可；外皮较老的瓜（如冬瓜、南瓜等）刮去外层老皮后由中间切开，挖去瓤洗净即可。

4）豆菜类蔬菜的整理

常见的豆类蔬菜有青豆、扁豆、毛豆、四季豆等。豆类蔬菜的整理有两种情况：①果全部食用的，掐去蒂和顶尖，撕去两边的筋络即可；②食用种子的，剥去外壳，取子粒。

5）花菜类蔬菜的整理

常见的花菜有西兰花、花椰菜、金针菜等，花菜类蔬菜在整理时只去掉外叶和花托，将其撕成便于烹调的小朵即可。

2. 洗涤

新鲜蔬菜的洗涤主要有冷水洗、盐水洗和化学溶液洗涤法三种。

1）冷水洗涤

将经过整理的蔬菜放入清水中反复洗直至干净即可，冷水洗涤可保持蔬菜的新鲜度。是蔬菜洗涤最常用的方法。

2）盐水洗涤

夏秋季节上市的一些蔬菜，如扁豆等在叶片和豆荚等处栖息着许多虫卵，用冷水一般洗不净，可将蔬菜放入浓度为2%的盐水中浸泡10分钟，再放入清水中洗就很容易洗干净了。

3）化学溶液洗涤

这种方法主要用于一些供凉拌或生食的蔬菜和水果。将经过整理的蔬菜或水果放入浓度为0.3%的高锰酸钾溶液中浸泡5分钟，然后放入清水中冲洗干净即可。

（四）操作要点及注意事项

1. 先洗后切

新鲜蔬菜在洗涤时要注意洗净泥沙和虫卵等。同时在程序上应做到先洗后切，否则蔬菜中的水溶性维生素就会流失。

2. 合理放置

蔬菜洗涤后要放在干净的竹筐或塑料筐中沥干水分，菜筐摆放时要整齐卫生；根茎类蔬菜大多含有多少不等的单宁物质，去皮时与铁器接触后在空气中易被氧化而变色，故根茎类蔬菜在去皮后应立即放在水中浸泡。

成品蘸酱菜

思考题：新鲜蔬菜的加工方法有哪些?

任务2　水产品的初步加工

水产类品种繁多，主要有淡水产品和咸水（海水）产品两大类，如鱼类、虾类、蟹类、贝类、软体类等。水产品营养丰富，含有蛋白质、脂肪、无机盐、维生素等，是人类不可缺少的食物，也是极为重要的烹饪原料。

一、鱼类原料的特点

(一) 鱼类的肉组织结构特点

1. 肌肉组织

肌肉组织是鱼类供人们食用的主要部分。

(1) 鱼肉的肌纤维较短，结构疏松，且其肌节从侧面观察呈“M”形。

(2) 在鱼类的体侧肌中，白肌和红肌的分化很明显。①红肌的肌纤维较细，周边结缔组织的量较多，其血管分布也较丰富。另外，脂肪、肌红蛋白、细胞色素的含量也较白肌多。②肉食性鱼类一般白肌发达而厚实，红肌较少，尤其是淡水鱼类表现得更为明显。

③由于白肌所含肌红蛋白较红肌少，故色白，是制作鱼圆的上好原料，同时白肌的结缔组织相对较少，口感细嫩，肉质纯度相对较高，便于切割和加工。

(3) 鱼肉中结缔组织形成的肌鞘很薄，加热时易溶解，从而使鱼类在烹制时不易保形。

2. 脂肪组织

鱼类的脂肪含量较低，多为1%～10%。

(1) 冷水性鱼类通常含脂肪较多；

(2) 同品种鱼年龄越大，含脂肪也越多；

(3) 产卵前比产卵后含脂肪多；

(4) 鱼类脂肪多集中分布在内脏，有的在皮下和腹部脂肪含量也较高。

(5) 鱼类脂肪中不饱和脂肪酸含量高，熔点低，常温下呈液态，容易被人体吸收，但在保存时极不稳定；

(6) 鱼类脂肪中还常含有二十二碳壬烯所形成的酸，具有特殊的鱼油气味，是形成鱼油腥臭的主要成分之一。

3. 骨组织

在生物学分类上，将鱼类分为软骨鱼类和硬骨鱼类两类。

(1) 软骨鱼类的骨骼全部为软骨，有些由于钙化的原因相对较硬，如鲨鱼、魟、鳐等都属于软骨鱼类。有些软骨鱼类的鳍、皮、骨等经加工后可制成相应的干制品，如鱼翅、鱼皮、鱼骨。软骨鱼类除骨骼为软骨外，其鳞是盾鳞，较硬，烹制初加工时须特殊处理。

(2) 硬骨鱼类较为常见，为烹调中常用的鱼类原料，其骨骼一般不单独用来制作菜肴。

(二) 鱼的鲜味和腥味

1. 鱼的鲜味

(1) 鱼类的鲜味主要来自于肌肉中含有的多种呈鲜氨基酸，如

谷氨酸、组氨酸、冬氨酸、亮氨酸等；

（2）浸出物中的琥珀酸和含氮化合物（如氧化三甲胺、嘌呤类物质等）也增强了鱼肉鲜美的滋味。

（3）与蛋白质、脂类、糖类等组成成分有关。

2. 鱼的腥味

（1）海水鱼腐败臭气的主要成分为三甲胺。原因在于新鲜的海水鱼体内氧化三甲胺的含量较高，当鱼死亡后，氧化三甲胺还原成具有腥味的三甲胺。另外，某些海水鱼如鲨鱼、魟等板鳃类鱼肉中尚含有2%左右的尿素，在一定条件下分解生成氨而产生氨臭味。

（2）淡水鱼的腥气成分主要是泥土中放线菌产生的六氢吡啶类化合物与鱼体表面的乙醛结合，生成淡水鱼的泥腥味。此外，鱼体表面黏液中所含有的δ-氨基戊醛和δ-氨基戊酸也都具有强烈的腥臭味和血腥臭味。

（3）体表黏液分泌多的鱼类，与空气接触后往往腥味较重。这是因为黏液中的蛋白质、卵磷脂、氨基酸等被体表的细菌分解产生了氨、甲胺、硫化氢、甲硫醇、吲哚、粪臭素、四氢吡咯、四氢吡啶等腥臭味物质。

3. 去除腥味的方法

（1）导致鱼腥气的三甲胺、氨、硫化氢、甲硫醇、吲哚等物质都属于碱性物质，所以，烹制鱼类菜肴时添加醋酸、食醋、柠檬汁等会使鱼腥气大大降低。

（2）淡水鱼在初加工时应尽量将血液洗净，去掉鱼腹中的黑膜，会使腥味减少。

（3）烹制过程中加入料酒、葱、姜、蒜，也可使鱼腥味物质减少或被掩盖。

（4）由于尿素易溶于热水，所以，鲨鱼、魟等鱼类在烹制前宜先在热水中浸漂以去除氨臭味。

二、水产品的初步加工

（一）实训目的和要求

（1）实训目的：通过训练使学生掌握水产品的加工方法，能做到根据成菜的要求和原料的自身特点灵活运用。

（2）实训要求：要求学生认真训练，掌握每一个环节的操作方法，进一步形成技能、技巧。

（二）器具及原料

（1）器具：盆、盘、剪刀、尖刀。

（2）原料：鱼、虾、蟹。

（三）操作步骤

水产品的加工方法应根据水产品的品种和烹调方法而异，一般先去鳃、鳞，然后摘取内脏、洗涤。

1. 去鳃去鳞

1）操作方法

去鳃时一般用手挖，但有些鱼，如鳜鱼、黑鱼等鱼鳃坚硬且鳃上有倒刺，这类鱼在去鳃时应用剪刀，防止划破手指。

去鳞时将鱼头朝左、鱼尾朝右摆在案板上，左手按稳鱼头，右手持刀，由鱼尾向鱼头方向将鱼鳞逆着刮下。

2）操作要点及注意事项

（1）不可弄破鱼皮，否则会影响菜肴成熟后的造型。

（2）鱼鳞要刮干净，特别要检查靠近头部、背鳍部、腹肚部、尾部等地方。

（3）有些鱼的鳞较细，且鱼体表面有黏液，需将鱼用热水烫一下再去鱼鳞（注意不要将鱼皮烫破）。

（4）收拾大批鱼时，有的鱼鳞容易风干，很难去，需淋一些水再去鳞。

此外，鲥鱼和鳓鱼的鳞下因富含脂肪、味道鲜美，故新鲜的可不去鳞。

2. 褪砂

鲨鱼等一些海产鱼，鱼皮表面带有砂粒，需要褪砂。褪砂前应将鱼放在热水中泡烫。水的温度根据原料的老嫩决定，褪砂后用刀将砂粒刮净、洗净即可。

泡烫时间以鱼皮不破为准，去砂时不要将砂粒嵌入肉内，否则影响质量。

3. 摘除内脏

水产品内脏的摘除方法有两种。

(1) 剖腹去内脏。操作时在鱼的肛门和胸鳍之间用刀沿肚剖一直刀口，取出内脏，一般鱼类都采用这种方法。

(2) 口中取内脏。黄花鱼、鳜鱼等为保存鱼体的完整形态，用刀在鱼肛门正中处横向切一小口，割断鱼肠。用筷子从鱼的口部插入腹内，卷出内脏和鱼鳃。

找两根筷子从鱼嘴里捅进去，在不开膛的前提下把内脏掏空。

另外，根据一些特殊菜肴的需要，还可以从脊背部剖开摘取内脏，如江苏名菜“荷包鲫鱼”就是从脊背部去内脏的。

4. 泡烫

鳝鱼、鳗鱼等表面无鳞，但有一层黏液腥味较重，故应放入开水锅中泡烫，然后洗去黏液和腥味。

5. 剥皮

鱼皮粗糙颜色不美观的鱼，如比目鱼、橡皮鱼等，加工时应先去皮。具体操作时，在背部鱼头处先割一刀，捏紧鱼皮撕下即可。

鳝鱼

鳗鱼

橡皮鱼

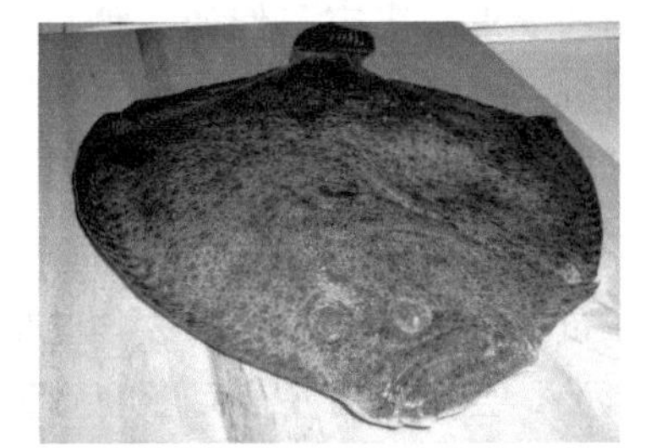

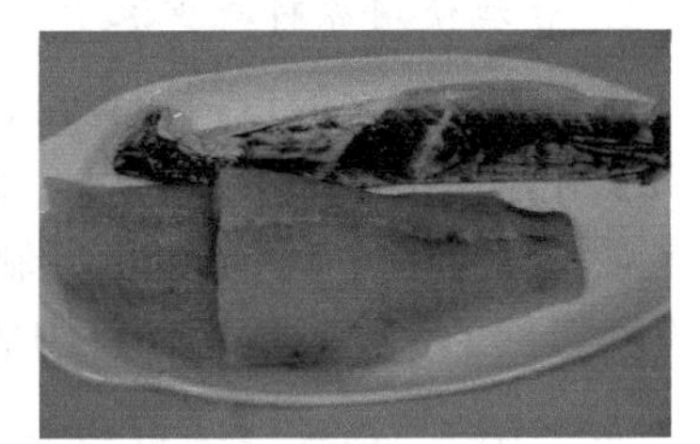

比目鱼

6．摘洗

摘洗主要用于软体水产品的加工，如墨鱼、鱿鱼等的加工。

7．洗涤

水产品经过去鳃、刮鳞、剖腹等的加工后，应进行洗涤，洗净鱼腹内紧贴腹肉上的一层黑衣和各种污秽物质。

三、操作要点及注意事项

1. 除尽污秽物质

水产品初步加工时，除了要除去鱼鳞、鱼鳃、内脏、硬壳、黏液等污秽物质外，特别要除去腥臊气味，保证原料在烹调前做到干净卫生。

2. 符合烹调的要求

鱼类取内脏的方法有多种，具体采用什么方法加工，必须根据烹调的要求来决定。例如，鲫鱼在红烧或氽汤时，需从鱼腹部剖开取内脏，但制作江苏名菜荷包鲫鱼时，就应从鲫鱼的脊背处剖开，再取内脏。

3. 切勿弄破苦胆

鱼类特别是淡水鱼类在加工时切勿弄破苦胆，否则苦胆汁沾到鱼肉上，会使鱼肉发苦而影响质量。

4. 合理使用原料减少浪费

一些体形较大的鱼，如青鱼、鳙鱼等，除中段可加工成片、丝、条、丁外，其头尾等均可利用，如青鱼尾巴是上好的“活肉”，可制成名菜“红烧甩水”，而鳙鱼可制成扬州名菜“拆烩鲢鱼头”。此外还有些鱼（如黄鱼）等的鳔可制成干鱼肚。

四、甲鱼的初加工处理方法

宰杀甲鱼的过程是：宰杀、烫皮、开壳、取内脏、煮、洗涤。

（1）将甲鱼腹面朝上，待其伸出头来将要翻身时，快速准确地把头剁下，把血放入预先准备好的碗里（可调成龟头血，能大补身体）。

（2）放入 70～80℃的热水中，烫 2～5 分钟取出（水温和烫泡的时间可根据甲鱼的老嫩和季节的不同掌握）。

（3）从甲鱼裙边下面两侧的骨缝处割开，将盖掀起，取出内脏，用清水洗净。

（4）再放入开水中煮去血污，取出用冷水洗净。

（5）将盖上的裙边摘下（盖不要，盖可入药用）。如是小甲鱼不去盖在腹部开膛即可。至此，可根据不同的烹调要求将甲鱼肉改刀备用。

想一想：水产品的初加工过程有哪些？

任务3　家禽的初步加工

相关知识

家禽是重要的烹饪原料。常见的家禽有鸡、鸭、鹅、鸽子、鹌鹑等。

1．家禽初步加工的一般要求

（1）宰杀时必须割断气管、食管，放净血。

（2）烫毛时要掌握好水温和时间。

（3）煺净禽毛，注意清洁。

（4）做到物尽其用。

2．家禽初步加工的一般方法

（1）宰杀。

（2）烫泡煺毛：①温水烫煺毛；②热水煺毛。

（3）开膛取内脏：①腹开；②背开；③肋开。

（4）内脏洗涤：①肫；②肝；③肠；④血；⑤油脂。

一、实训目的和要求

（1）实训目的：通过训练使学生掌握家禽的初步加工方法，能够按照要求因料而异加工原料，并且符合成菜要求。

（2）实训要求：要求学生认真掌握每个环节的操作方法，进而形成技能、技巧。

二、器具及原料

(1) 器具：盆、盘、刀、尖刀。

(2) 原料：鸡、鸭、鸽子等。

三、操作步骤

1. 宰杀

宰杀家禽时（以鸡为例），首先，准备一个大碗，碗中放适量食盐和清水（夏天用凉水，冬天用温水）。左手握住两翅膀根，小拇指勾住鸡的右腿，用拇指和食指捏住鸡颈皮，向后收紧颈皮，手指捏到鸡颈骨的后面，以防止下刀时割伤手指，右手在鸡颈部落刀处拔净鸡毛，然后用刀割断气管和血管。左手捉鸡头，右手勾住鸡脚并抬高，倾斜鸡身，使鸡血流入大碗内，俟血放尽，用筷搅拌，使之凝结。

2. 泡烫、褪毛

泡烫、褪毛这个步骤必须在禽类完全断气、双脚不抽动时才能进行，过早会因肌肉痉挛，皮紧缩而不易褪毛，过晚会因肌体僵硬羽毛也不易褪净。泡烫时水的温度因季节和禽的老嫩而异，一般老母鸡及老鹅、老鸭等应用沸水，嫩禽用60～80℃的水泡烫。冬季水温应高些，夏季略低些。

3. 开膛去内脏

禽类去内脏的方法应视烹调的需要而定。常用的去内脏方法有：腹开、背开和肋开。

1）腹开去内脏法

操作时先在禽颈右侧的脊骨处开一刀口，取出嗉囊，再在肛门与肚皮之间开一条长约6～7cm的刀口，取出内脏，将禽身冲洗净即可。

腹开去内脏

2）背开去内脏法

操作时将禽背部朝右、禽头朝里放置在案板上，左手按稳禽身，右手执刀，由禽尾部插入后用力向后片至颈脊骨，用力掰开禽身，去除内脏、嗉囊及气、食管，最后将禽身冲干净即可。

背开去内脏

3）肋开去内脏法

在禽的右肋下开一刀口，然后从开口处取出内脏，拉出嗉囊、气管和食管，冲洗干净即可。

4. 家禽内脏的加工

禽类的内脏除嗉囊、气管、食管、肺和胆囊不可食用外，其余均可烹制成菜肴。

1）肫的初步加工

加工时割断连接在肫上的食管和肠，去除油脂，沿肫一侧凸起处剖开，除去内部污物，剥去内部黄肫皮，洗净即可。

鸡胗

鸭肫

2）肝的初步加工

开膛取出肝脏后，立即去掉附着在肝上的胆囊，将肝放在清水中漂洗一下，捞出即可。

鸭肝

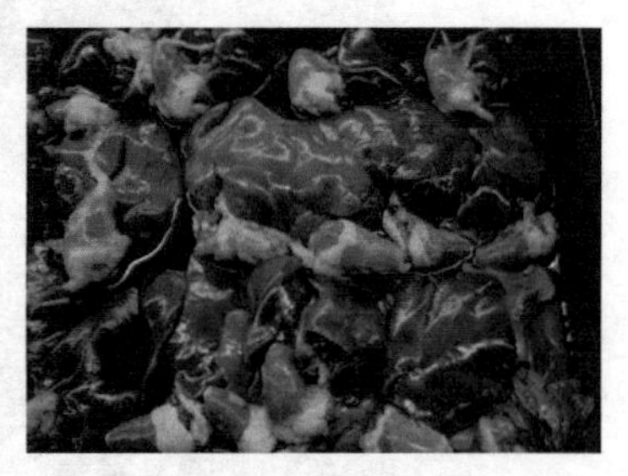

鸡肝

3）肠的初步加工

先去掉附着在肠上的两条白色胰脏及网油，将肠子理直。用剪刀剖开肠子，冲洗掉污物，放入盐、醋中搓洗吸附在肠壁上的黏液和异味，用开水稍烫即可。

鸡肠

鸭肠

4）油脂的初步加工

各种禽类的油脂含有多种人体必需的脂肪酸及丰富的脂溶性维生素，在加工时应注意保留。鸡的油脂颜色金黄，在提炼时应注意不要煎熬，否则颜色会变得浑浊，正确的方法是先将油脂洗净切成小块，放入盒内，加入葱、姜及少许花椒，用保鲜膜封口后上笼蒸制脂肪融化后取出，拣去葱、姜、花椒，这样做出的鸡油色泽金黄明亮，故烹饪上称为“明油”。

鸡油色泽金黄明亮

5）禽血的加工

将已凝固的血块用刀割成方块，放入开水锅中，小火煮制血块内心凝固，捞出放入冷水中浸泡备用。

鸡血

熟鸡血

四、操作要点及注意事项

腹开去内脏时，切勿弄破肝和苦胆，这种方法用途较广，凡是用于制作炒爆及切块红烧菜肴的禽类均可采用此法加工；背开去内脏时，不可划破禽肠；肋开去内脏时切勿拉碎禽的肝和胆。

相关知识

凡是用于清蒸、扒、香酥等烹调方法的禽类均可采用背开去内脏法去内脏，烹制成熟装盘时看不见刀口，显得丰满、美观；用于制作煮、烤等菜肴的禽类，均可采用肋开去内脏法进行加工。根据烹调的要求，禽类加工去内脏有时可不开膛，如制作“八宝鸭”时，鸭的内脏应通过整料去骨的方法取出。

思考题：禽类初加工过程有哪些？

任务4　家畜内脏和四肢的初步加工

一、实训目的和要求

（1）实训目的：通过训练使学生掌握家畜内脏和四肢的初步加工方法。

（2）实训要求：要求学生掌握每一种家畜内脏和四肢的初步加工方法，善于总结、掌握相近品种的加工技巧。

二、器具及原料

(1) 器具：盆、盘、刀、尖刀。

(2) 原料：家畜内脏、蹄、盐、醋。

三、操作方法

家畜内脏及四肢污物多，黏液重。家畜内脏及四肢的洗涤加工的方法大体上有里外翻洗法、盐醋搓洗法、刮剥洗涤法、清水漂洗法及灌水冲洗法。

1. 里外翻洗法

里外翻洗法是将原料里外轮流翻转洗涤，这种方法多用于肠肚等黏液较重的内脏的洗涤。以肠为例讲解如下。

肠表面有一定的油脂，里面黏液和污物都较重，有恶臭味。初加工时把大肠口大的一头倒过来，用手撑开，然后向里翻转过来，再向翻转过来的周围灌注清水，肠受到水的压力就会渐渐的翻转，等到全部翻转过来后，就可将肠内的污物扯去，加入盐、醋反复搓洗，如此反复将两面都冲洗干净。

2. 盐醋搓洗法

一些内脏，如肠、肚等黏液较多，污秽重，在清水中不易洗净，因而洗涤时加入适量的盐和醋反复搓洗，去掉黏液和污物。以猪肚为例：先从猪肚的破口处将肚翻转，加入盐、醋反复搓洗，直至洗去黏液和污物为止。

3. 刮剥洗涤法

刮剥洗涤法是用刀刮或剥去原料外表的硬毛、苔膜等杂质，将原料洗涤干净的一种方法，这种方法适宜于加工家畜脚爪及口条。

1) 猪脚爪的初步加工

用刀背敲去爪壳，将猪脚爪放入热水中泡烫。去除爪尖的污垢，拔净硬毛（若毛较多、较短不易拔除时，可在火上燎烧一下，待表面有薄薄的焦层后，将猪脚爪放入水中，用刀刮去污物后即可）。

2）牛蹄的初步加工

首先将牛蹄外表洗涤干净，然后放入开水锅中煮焖 3～4 小时后取出，用刀背敲击，除去爪壳，去掉表面的毛和污物，再放入开水中，用小火煮焖 2 小时，取出除去趾骨洗净即可。

4. 清水漂洗法

清水漂洗法是将原料放入清水中，漂洗去表面血污和杂质的洗涤方法，这种方法主要用于家畜的脑、筋、骨髓等较嫩原料的洗涤。在漂洗过程中应用牙签将原料表面血衣、血筋剔除。

5. 灌水冲洗法

这种方法主要用于洗涤家畜的肺。因为肺中的气管和支气管组织复杂，灰尘和血污不易除去。操作时将肺管套在自来水龙头上，将水灌进肺内，使肺叶扩张，大小血管都充满水后，再将水倒出，如此反复多次至肺叶变白，划破肺叶，冲洗干净，放入锅中加料酒、葱、姜烧开，浸出肺叶内的残物。

四、操作要点及注意事项

一定要根据原料的特点，采取合适的加工方法，并要加工彻底，去尽污秽和杂质。

思考题：猪内脏的加工方法有哪些？

项目二　出肉加工

相关知识

(一) 出肉加工的概念

出肉加工又称剔肉，就是根据烹调要求，将动物性原料的肌肉组织与骨骼分离。

(二) 出肉加工的要求

(1) 符合烹调和菜肴的质量要求；

(2) 必须干净利落；

(3) 熟悉组织结构，正确掌握下刀部位。

任务1　水产品出肉加工

一、实训目的和要求

(1) 实训目的：通过训练使学生掌握水产品出肉的基本方法，掌握操作要点。

(2) 实训要求：要求学生掌握从选料到加工每个环节的技能、技巧。

二、器具及原料

(1) 器具：盆、盘、刀、尖刀。

(2) 原料：鲜鱼、虾、蟹、蛤、贝类。

三、操作步骤

一般鱼类、虾类、蟹类、贝类的出肉加工，主要用于烹制一些特殊的菜肴。

(一) 一般鱼类的出肉加工

用来出肉的鱼类，一般要选用肉厚、骨和刺少的品种，如石斑鱼、黄花鱼、扁口鱼、鳜鱼、带鱼等。

（二）棱形鱼类的出肉加工

鱼体的外形如织网棱的鱼类，称为棱形鱼类（亦称纺锤行），如大黄鱼、黄花鱼、鳜鱼、鲤鱼、石斑鱼、青鱼。

鲤鱼

鳜鱼

大黄鱼

黄花鱼

石斑鱼

青鱼

（三）侧扁形鱼类的出肉加工

侧扁形鱼类是指鱼身比较扁平的一类鱼，如鲳鱼、鳊鱼等。

平鱼

鳊鱼
出肉方法

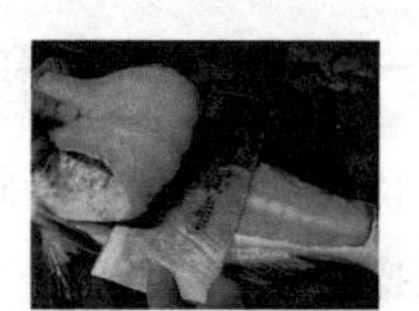

沿鱼脊骨进刀批下
两扇肉，去脊骨。

用坡刀剔去肋骨

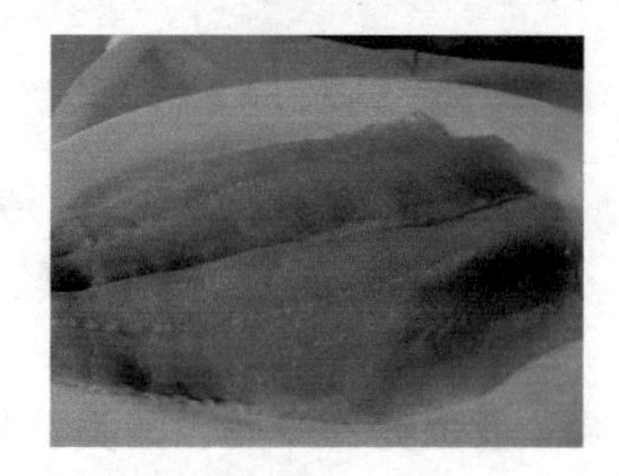

完成出肉

（四）虾的出肉加工

出虾肉也称出虾仁、挤虾仁，有挤和剥取虾肉两种方法。

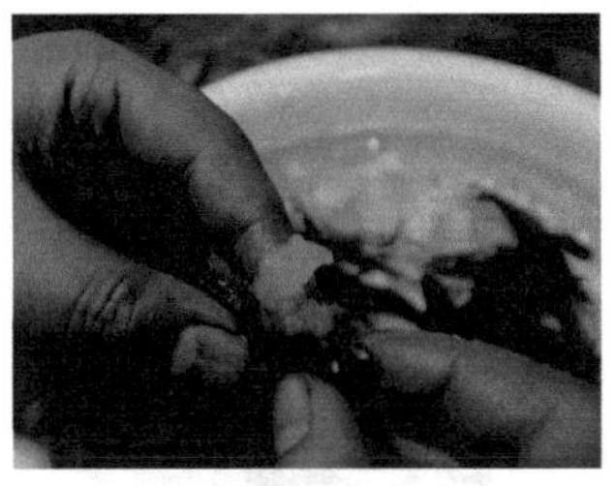

挤虾仁

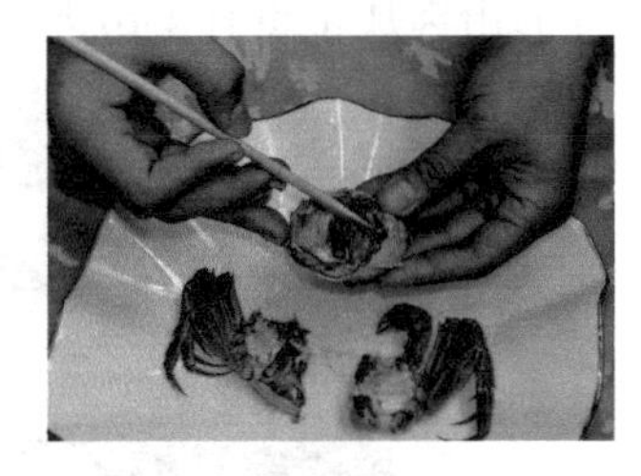

剥取虾肉

（五）蟹的出肉加工

用于出肉加工的蟹类，既有海蟹类，也有淡水蟹类。

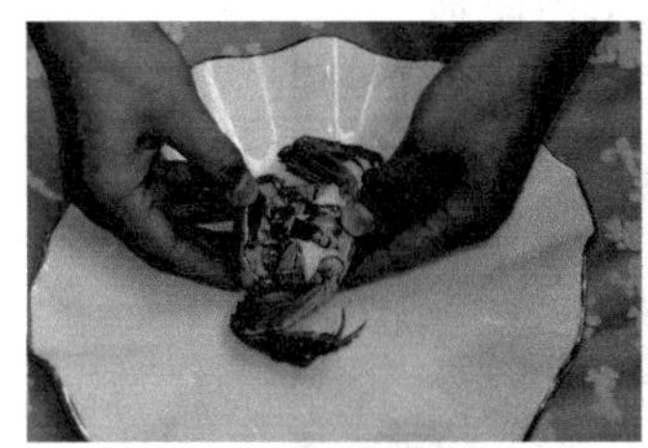

将熟制后的蟹掰开

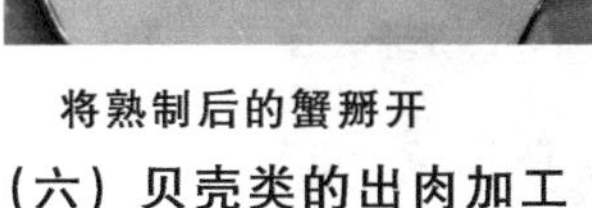

用竹签剔出蟹肉

（六）贝壳类的出肉加工

1. 海螺、田螺的出肉加工

海螺、田螺的出肉加工，分生出肉和熟出肉两种。

2. 鲜鲍鱼的出肉加工

鲍鱼的贝壳大，呈椭圆形，为单面壳。鲜鲍鱼的出肉较为简单，先用薄刀刃紧贴壳里层，将肉与壳分离，然后将鲍鱼肠、黏液等污物洗净即可。

3. 蛤类的出肉加工

蛤类的出肉加工也有生出肉和熟出肉两种。

4. 牡蛎、蛏子的出肉加工

这类原料的出肉加工，先洗涮原料表面的污泥，然后放入盐水（按一定比例）中，让其自然吐净泥沙，趁其张口时，用力将壳掰开，取出肉。

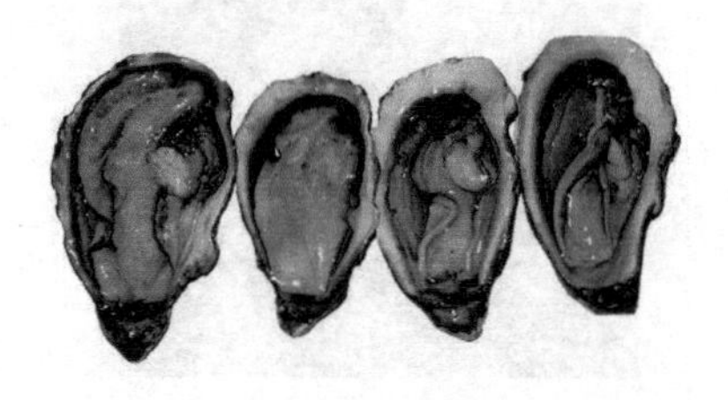

牡蛎　　　　蛏子

5. 河蚌的出肉加工

河蚌的出肉加工也有生出肉和熟出肉两种。

河蚌

四、操作要点及注意事项

注意保持出肉成品形态的完整。

思考题：1. 简述鱼的出肉顺序。

2. 简述虾蟹类的出肉方法。

3. 简述贝壳类的出肉方法。

任务2　鸡的出肉加工

鸡的出肉加工，亦称“剔鸡”，就是将鸡按部位取下，再把鸡骨

剔去。

一、实训目的和要求

（1）实训目的：通过训练使学生掌握剔鸡的基本方法，掌握操作要点。

（2）实训要求：要求学生从选料到加工掌握每个环节的技能、技巧。

二、器具及原料

（1）器具：盆、盘、刀、尖刀。

（2）原料：白条鸡。

三、操作步骤

（1）出胸脯肉。

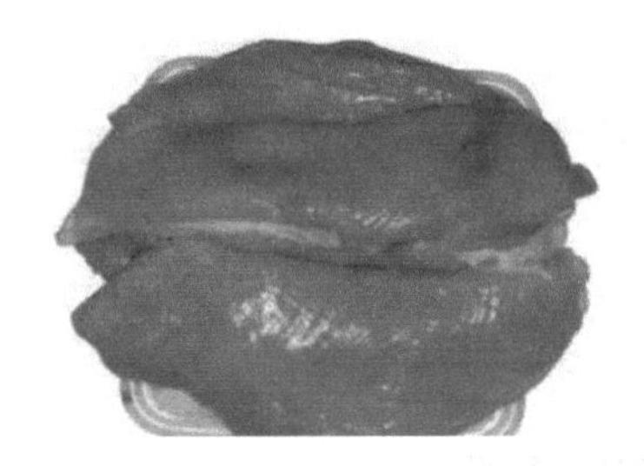

（2）出鸡牙子。

（3）出腿肉。

四、操作要点及注意事项

选料必须精细，要符合出肉加工的要求。

思考题：简述鸡的出骨顺序有哪些？

任务3　猪的出肉加工

猪的出肉加工，又称“剔骨”，先将半爿猪肉放在砧板上（皮朝下），然后按顺序将骨骼一一剔出。

一、实训目的和要求

（1）实训目的：通过训练使学生掌握猪的出肉基本方法，掌握操作要点。

（2）实训要求：要求学生掌握从选料到加工每个环节的技能、技巧。

二、器具及原料

（1）器具：盆、盘、刀、尖刀。

（2）原料：半片白条猪。

三、操作步骤

（1）出肋骨。

（2）出颈椎骨。

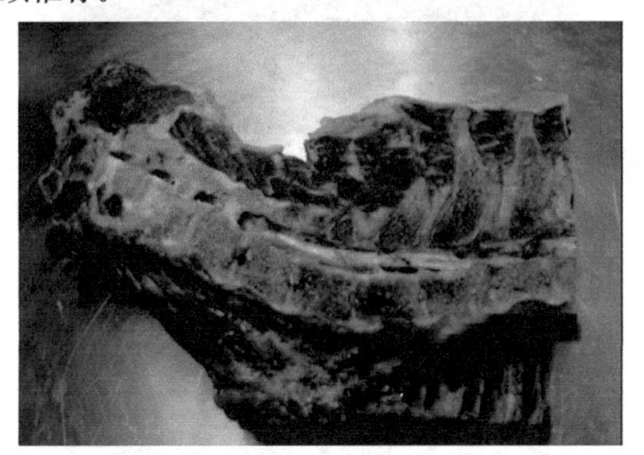

（3）出哈力巴。

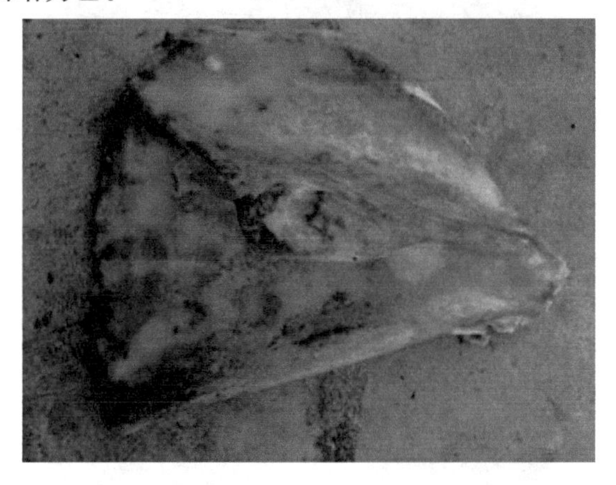

（4）出前腿骨。

（5）出髋骨。

（6）去棒子骨。

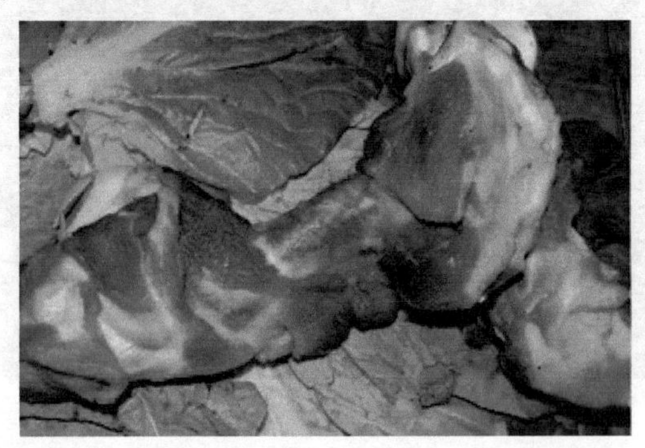

(7) 去尾骨。

四、操作要点及注意事项

(1) 选料必须精细，要符合出肉加工的要求。
(2) 下刀准确，不要损伤材料肉。

思考题：简述猪的出骨步骤。

项目三　分档取料

相关知识

分档取料就是把已经宰杀的整只家畜、家禽，根据其肌肉、骨骼等组织的不同部位进行分档，并按照烹制菜肴的要求进行有选择地取料。分档取料是切配工作中的一个重要程序，直接影响菜肴的质量。

一、分档取料的作用

（一）保证菜肴的质量，突出菜肴的特点

由于家畜各部位肉的质量不同，而烹调方法对原料的要求也是多种多样的，所以选择原料时，就必须选用其不同部位，以适应烹制不同菜肴的需要，只有这样才能保证菜肴的质量，突出菜肴的特点。

（二）保证原料的合理使用，做到物尽其用

根据原料各个不同部位的不同特点和烹制菜肴的多种多样的要求分档取料，选用相应部位的原料，不仅能使菜肴具有多样化风味、特色，而且能合理地使用原料，达到物尽其用。

二、分档取料的关键

（一）熟悉原料的各个部位，准确下刀是分档取料的关键

例如，从家禽、家畜的肌肉之间的隔膜处下刀，就可以把原料不同部位的界限基本分清，这样才能保证所用不同部位原料的质量。

（二）必须掌握分档取料的先后顺序

取料如不按照一定的先后顺序，就会破坏各个部位肌肉的完整，从而影响所取用的原料的质量，同时造成原料的浪费。

任务1　猪的分档

一、实训目的和要求

(1) 实训目的：通过训练使学生掌握猪的分档的基本方法，掌握操作要点。

(2) 实训要求：要求学生掌握从选料到加工每个环节的技能、技巧。

二、器具及原料

(1) 器具：盆、盘、刀、尖刀。
(2) 原料：一半猪肉。

三、操作步骤

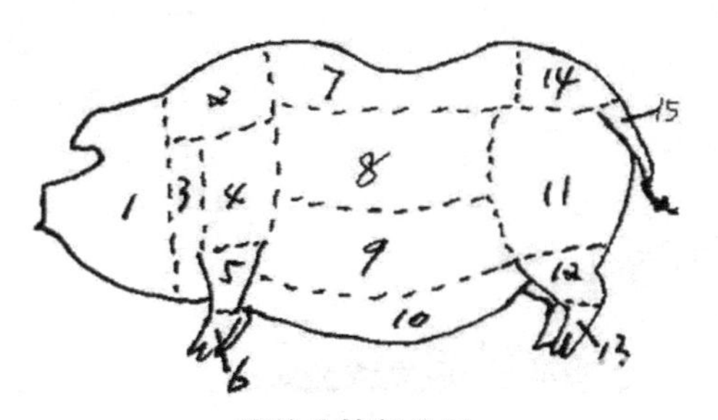

猪的分档部位图

(1) 猪头。

猪头

（2）上脑。

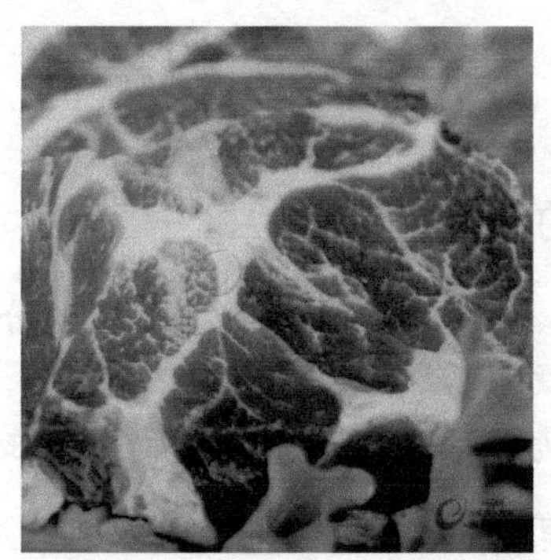

上脑

（3）血脖。

血脖

（4）夹心肉。

夹心肉

（5）前肘。

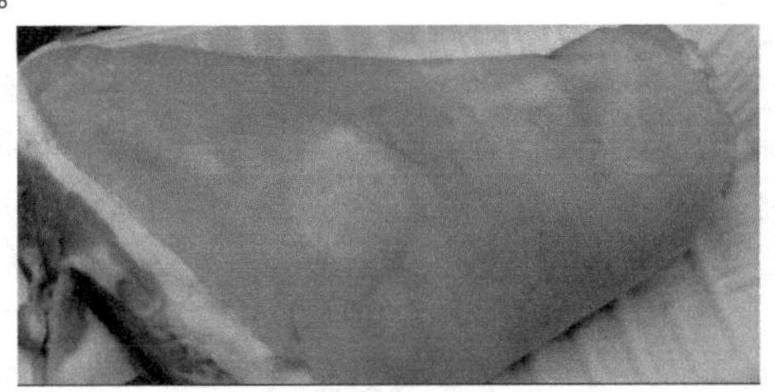

前磨裆

（6）前脚爪。

前脚爪

（7）通脊。

通脊

（8）硬五花。

硬五花

（9）软五花。

软五花

（10）奶脯。

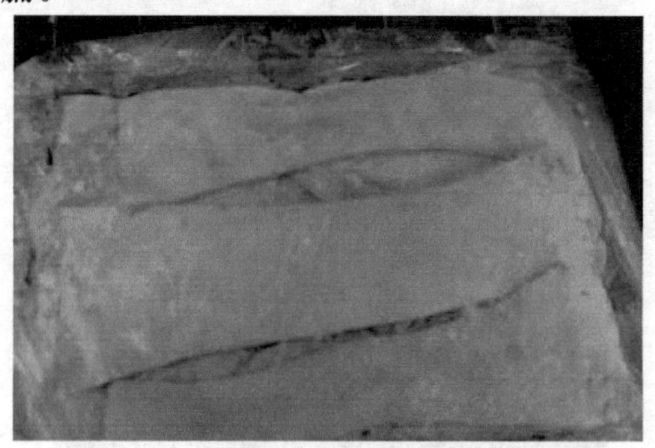

奶脯

（11）猪后腿肉。

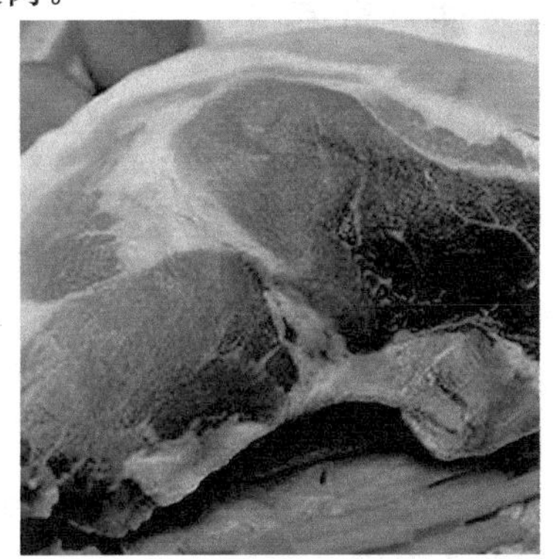

猪后腿肉

（12）后肘。

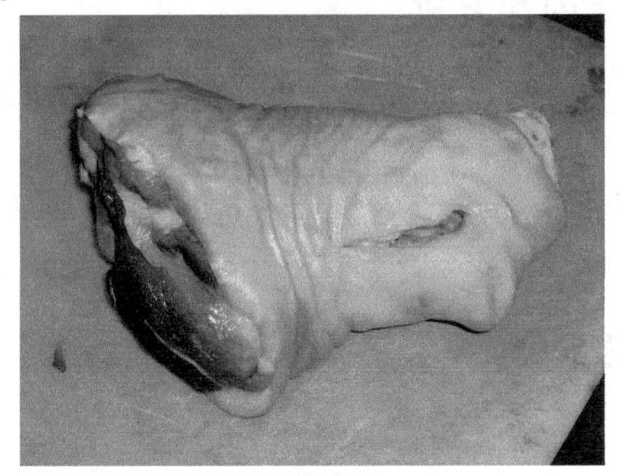

后肘

（13）后爪。

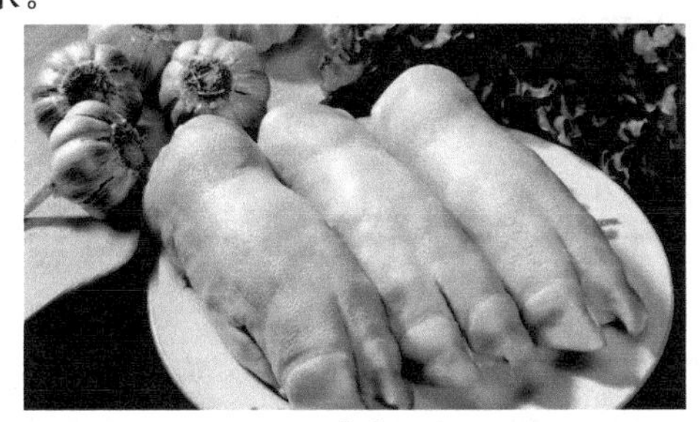

后爪

（14）尾骨。

四、操作要点及注意事项

分档部位要清晰完整。

思考题：简述猪的分档部位有哪些。

任务 2　鸡的分档

相关知识

鸡大约可分为鸡头、鸡颈、鸡里脊、鸡脯肉、栗子肉、鸡翅、鸡腿、鸡爪、鸡骨架九个部位。

一、实训目的和要求

(1) 实训目的：通过训练使学生掌握鸡的分档的基本方法，掌握操作要点。

(2) 实训要求：要求学生掌握从选料到加工每个环节的技能、技巧。

二、器具及原料

(1) 器具：盆、盘、刀、尖刀。

(2) 原料：白条鸡。

三、操作步骤

(1) 鸡头。鸡头含有鸡脑，骨多、皮多、肉少，适宜于煮、酱、炖、卤、烧等烹调方法。

(2) 鸡颈。鸡颈皮多、骨多、肉少，适宜于煮、酱、炖、卤、烧等烹调方法。

(3) 鸡里脊又称“鸡牙子”“鸡柳”。鸡里脊是紧贴鸡胸骨的两条肌肉，外与鸡脯肉紧贴，内有一条筋，它是鸡身上最细嫩的一块肉，适宜于切丝、条、片、茸等形状，可用炸、炒、爆、熘等烹调方法。

（4）鸡脯肉。鸡脯肉是紧贴鸡里脊的两块肉，是鸡全身最厚、最大的一块整肉，肉质细嫩、筋膜少，其应用与里脊相同。

（5）栗子肉。栗子肉是位于大腿根部上前方，脊背两侧各一块，近似圆形的一小块肉。因其近似栗子大小也似栗子，但比栗子薄，故名栗子肉。该肉细嫩无筋，适宜于爆、炒等烹调方法。

（6）鸡翅又称凤翅。鸡翅皮较多，肉质较嫩，可用于烧、煮、卤、酱、炸、焖等烹调方法。

（7）鸡腿。鸡腿骨较粗硬、肉厚、筋多、质老，适宜于烧、扒、炖、煮等烹调方法。

（8）鸡爪又称凤爪。

鸡爪除骨外，皆为皮筋，胶原蛋白质含量多。可用于酱、卤等烹调方法。

（9）鸡骨架。鸡骨架多多用于酱、卤、制汤等。

四、操作要点及注意事项

分档部位要清晰完整。

思考题：简述鸡的分档部位有哪些。

项目四　整料去骨

相关知识

所谓整料去骨，就是将整只原料去净或剔其主要的骨骼，仍保持原料原有的完整外形的一种加工处理技法。

一、整料去骨的作用

（1）利于食用。
（2）丰富营养。
（3）易于入味。
（4）形态美观。

二、整料去骨的要求

（1）选料要精细。
（2）初加工时要符合整料去骨的要求。
（3）去骨时要谨慎，下刀准确。

任务1　整鱼出骨

一、实训目的和要求

（1）实训目的：通过训练使学生掌握整鱼去骨的基本方法，掌握操作要点。

（2）实训要求：要求学生掌握从选料到加工每个环节的技能、技巧。

二、器具及原料

（1）器具：盆、盘、刀、尖刀。
（2）原料：鱼。

三、操作步骤

（一）不开口式整鱼出骨（一般用于梭形鱼类）

整鱼出骨时需用一把长约 30 cm、宽约 2 cm、两侧刀刃锋利的剑形刀具。其方法是（以鳜鱼为例）：取鳜鱼一尾洗净后，从鳃部把内脏取出，擦干水，放在砧墩上，掀起鳃盖，把脊骨斩断，在鱼尾处鱼身一面斩断尾骨。然后，将鱼头向里，尾朝外，左手按住鱼身，右手持刀将鳃盖掀起，沿脊骨的斜面推进，然后平片向腹部，先出腹部一面，再出脊背部，这样可使腹部刺不断。然后翻转鱼身，同样方法出另一面。待出完后，可把脊骨连肋骨一起抽出，洗净即可。

从鳃部把内脏取出

出脊骨、肋骨

（二）开口式整鱼出骨（以鳜鱼为例）

一般先出脊骨，后出胸肋骨。

（1）出脊骨：将鱼头朝外、腹向左放在砧墩上，左手按住鱼腹，右手持刀，沿鱼背鳍紧贴脊骨处横片进去，从鳃后直到尾部划开一条长刀口，用手在鱼身上按紧，使刀口张开，刀继续紧帖脊骨向里片，直至片过脊骨。另一面方法相同。

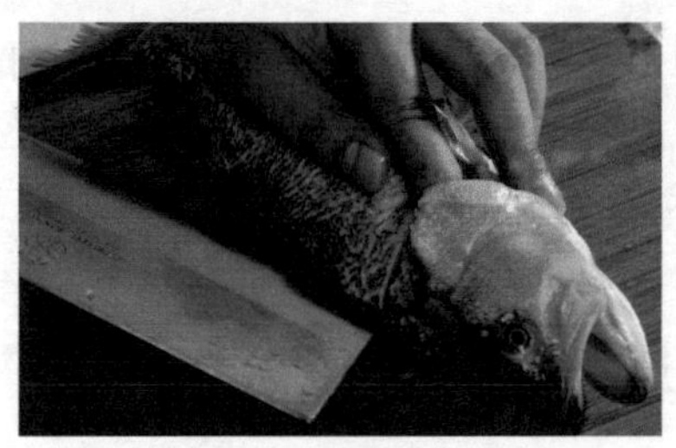
出脊骨

（2）出胸肋骨：刀片过脊骨后继续沿肋骨的斜面向前推进，使

胸肋骨与肉分离。最后，在靠近鱼头、鱼尾处用剪刀剪断脊骨取出鱼骨，再将鱼身、肉合起，仍保持完整的形状。

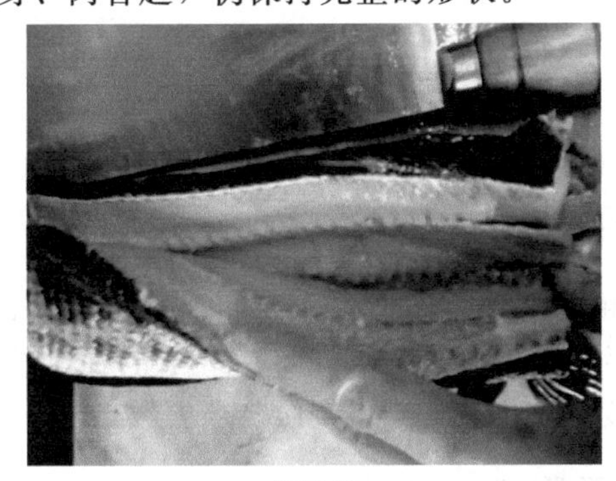

胸肋骨

将鱼身肉合起，仍保持完整的形状

四、操作要点及注意事项

(1) 选料必须精细要符合整料出骨的要求。选用鱼时，应选择大约500 g的新鲜鱼，而且应选肉质肥厚、肋骨较软、刺少的，如黄鱼、鳜鱼等。肋骨较硬的鱼，如青鱼、鲫鱼等，出骨后腹部易瘪，形态不美。

(2) 初步加工要符合整料出骨的要求。鱼的内脏可从鳃中用筷子取出，出骨时下刀要准确，不能破损外皮。刀刃必须紧贴着骨头向前推进，做到剔骨不带肉，出肉不带骨。

思考题：1. 整鱼去骨对选料有何要求？
2. 开口式整鱼去骨的步骤有哪些？

任务 2　整鸡出骨

一、实训目的和要求

(1) 实训目的：通过训练使学生掌握整鸡出骨的方法，掌握技巧。

(2) 实训要求：要求学生掌握每一环节的加工技巧，尤其是在出鸡身骨时不要弄破皮，应严格按照要求去做。

二、器具及原料

(1) 器具：盆、盘、刀、尖刀。

(2) 原料：鸡。

三、操作步骤

1. 划开颈皮，斩断颈骨

首先在鸡颈两肩相夹处直划一条约 6.5 cm 长的刀口，把刀口处的皮肉用手扳开，在靠近鸡头处将颈骨剁断，将颈骨从刀口处拉出。要注意刀不可碰破颈皮。

去颈骨

2. 出翅骨

从颈部刀口处将皮翻开，鸡头下垂、连皮带肉用手缓慢向下翻剥，至翅骨关节处，骱骨露出后，用刀将两面连接翅骨关节的筋割

断，使翅骨与鸡身脱离，然后用刀将翅骱骨四周的肉割断，用手抽出翅骨，用刀背敲断骨骼即可（小翅骨可不出）

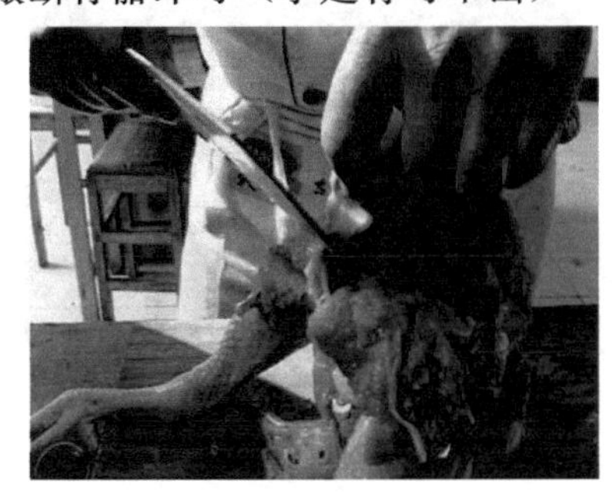

出翅骨

3. 出鸡身骨

一手拉住鸡颈，一手按住鸡胸的龙骨突起处，向下掀一掀。然后将皮继续向下翻剥，剥时要特别注意鸡背部处，因其肉少且皮紧贴脊骨，易拉破皮。剥至腿部时，应将鸡胸朝上，将大腿筋割断，但不要刮破鸡尾。鸡尾仍留在鸡身上，将肛门处直肠割断，洗净肛门处的粪污。

出鸡身骨

4. 出鸡腿骨

将大腿皮肉翻下些，使大腿骨关节外露，用刀绕割一周，使之断筋，将大腿骨向外抽至膝关节时，用刀沿关节割下，然后抽小腿骨，与爪连接处斩断小腿骨。至此，鸡的全身骨骼除头、脚爪外已全部清除。

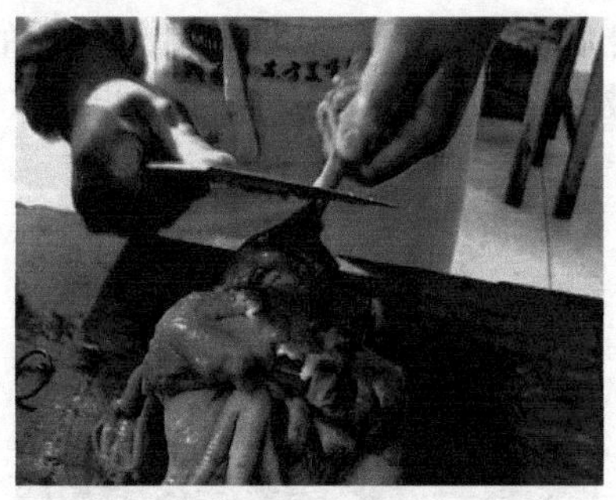

出鸡腿骨

5. 翻转皮肉

将鸡皮翻转朝外，形态仍然是一只完整的鸡。

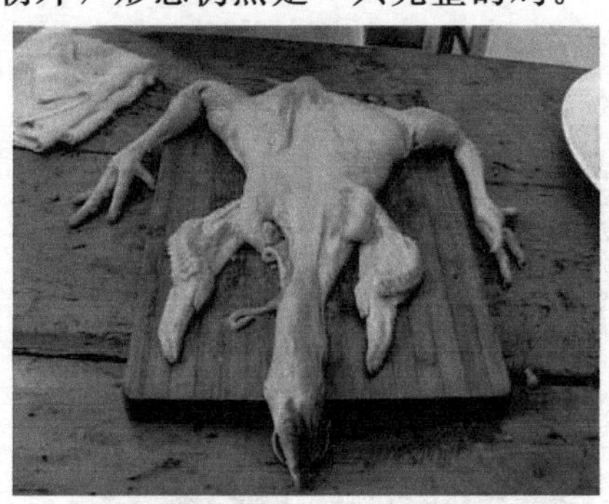

翻转皮肉

四、操作要点及注意事项

（1）选料方面：鸡应选择大约一年左右的肥壮母鸡。

（2）初步加工方面：鸡宰杀时应正确掌握水温和烫制时间，温度高、时间长，出骨时皮易裂，反之则不易褪毛，容易破坏表皮；不可剖腹取内脏，可在出骨时随躯干骨一起摘除；出骨时下刀要准确，不能破损外皮，刀刃必须紧贴着骨头向前推进，做到剔骨不带肉，出肉不带骨。

思考题：1. 整鸡去骨有哪些步骤？

2. 整鸡去骨对选料有哪些要求？

项目五　干料涨发

相关知识

一、干货原料、干制方法及特点

1. 干料

干制原料（又称干货或干料）是由各种动植物的鲜活原料经过脱水加工而成的一类烹饪原料。

2. 干制方法

脱水干制的方法主要有晒干、风干、阴干、烘干或用草木灰、生石灰炝干等，其中以晒干、风干品质最好，石灰炝干品质最差。

3. 干料的特点

由于原料经过干制，脱水率较高，与鲜活原料相比具有不同程度的干、硬、老、韧等特点。未经涨发的干制原料不能直接用来烹调和食用，而且不利于人体的消化吸收，达不到卫生要求。

4. 干料涨发的概念

干制原料涨发是烹饪原料加工技术的重要工序，为了使干料重新吸收水分，最大限度恢复新鲜时的状态，并消除异味和杂质，有利于消化吸收，就必须对干料进行初步加工。这种加工过程就叫干料涨发。

二、干制原料涨发的作用

（1）最大限度地恢复原料原有的松软、鲜嫩状态；
（2）除去腥臊气味和杂质；
（3）便于切配和烹调，合乎食用要求，利于消化吸收。

三、干制原料涨发的基本要求

（1）熟悉干料的产地和性质；

(2) 鉴别干料的质量和性能；

(3) 要认真对待涨发过程的每一环节。

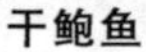

干鲍鱼　　　　天九翅

任务1　水发

相关知识

1. 水发

水发是利用细胞内外渗透压的不同及水对干货原料毛细管的浸润作用，使干货原料吸水膨润、体积增大、质地回软的涨发方法。

2. 水发的原理

无论是动物原料还是植物性原料，干制后都要失去大部分水发，品质也将变劣，涨发的目的就是最大限度地使其恢复到原来状态。水发干料时，就是利用水的溶解性、渗透性及原料成分中所含有的亲水基团，使原料失去的水分得以复原，只有这样，才能使原料中含有的可溶性风味物质得以再现，使原料在结构、口感等方面适合烹调及人们习惯要求。干货原料经涨发后，所吸收的水分大部分进入细胞内。

一、实训目的和要求

(1) 实训目的：通过训练使学生掌握水发的种类及基本方法。

(2) 实训要求：要求学生掌握水发的应用方法和技巧，为学习其他涨发方法打基础。

二、器具及原料

(1) 器具：盆、盘、尖刀、炉灶。

(2) 原料：木耳、口蘑、鱼肚、乌鱼蛋、鱼翅、海参等。

三、操作步骤

水发是将干货原料放在水中浸泡，使其重新吸收水分，尽量恢复到原料新鲜时状态的一种涨发方法。水发法是一种最常见、最基本的发料方法。它既是一种单独的发料方法，又是其他发料方法的辅助手段。水发通常分为冷水发和热水发两种。

(一) 冷水发

冷水发是把干货原料放在冷水中，使其自然地吸收水分，最大限度地恢复原料新鲜时的鲜嫩状态。冷水发的特点是：简单易行，同时可较多地保持原料原有的风味。

冷水发的操作方法可分浸和漂两种。浸就是把干货原料放在冷水中，使其慢慢吸收水分涨发，这种方法适用于体小质嫩的一些原料，如木耳、口蘑等。另外，浸的方法还可以和其他发料方法配合使用，用于体大质硬的干货原料（如熊掌、鱼翅）在沸水涨发前的辅助涨发。将体大质硬的原料放在冷水中浸一段时间，然后放在沸水中去涨发，可以免去其外表因长时间煮焖而破碎。

漂主要是一种辅助的发料方法。这种方法有助于清除原料本身或在涨发过程中混入的杂质和异味，如鱼肚、熊掌、乌鱼蛋等反复煮焖涨发后，还必须用清水漂，以除去一些腥膻气味。而鱿鱼等碱水涨发后的干货原料也应用冷水漂去碱味，以达到食用的要求。

(二) 热水发

热水发就是把干货原料放入热水（温水或沸水）或水蒸气中，经过加热处理，使其迅速吸收水分，涨发回软成为半熟或全熟的半制成品，再经过切配和烹调就可制成菜肴。热水发料时必须根据各种原料的品种、大小、老嫩情况以及烹调的要求，分别运用各种热水发料方法，同时掌握不同的火候及操作程序，才能提高菜肴的质量，符合烹调的要求。热水发料可分为一般热水发料和反复热水发

料两种。

一般热水发料：指基本上只要一道热水操作程序即可达到发料目的的方法。这种发料方法适用于体积小、质微硬、略带异味的原料，如发菜、粉丝、黄花菜等。

反复热水发料：指要先后经过几道操作程序才能达到发料目的的方法。这种发料方法适用于体积较大、坚硬带筋、有腥臊气味的原料，如鱼翅、干鲍鱼、熊掌等。

热水发料的方法有泡发法、煮发法、焖发法和水蒸气蒸发法。

1. 泡发法

泡发法就是将原料置于沸水或热水中浸泡，不再加热，随着水温的下降，干货原料逐渐涨发以达到干货涨法的要求，这种方法适用于体积小、质地稍硬的干货原料，如银鱼干、粉丝、发菜等。泡发是热水发中最简单的一种操作方法，但在操作时应注意季节、气候和原料本身的质地特点而灵活掌握水温。

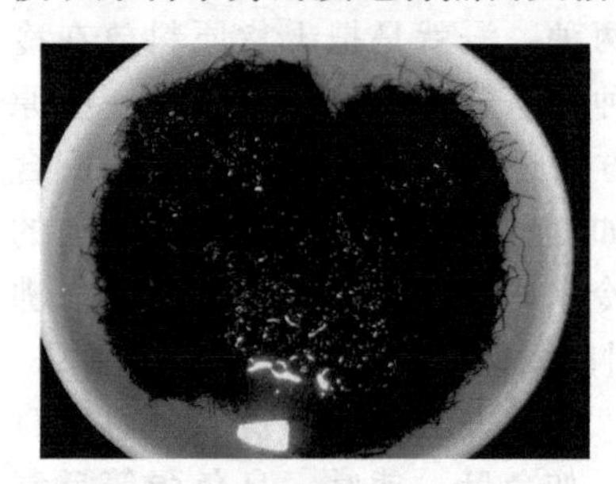
水发发菜

银鱼干

2. 煮发法

对于一些质地坚硬、体积较大、表面有毛或泥沙的干货原料，如熊掌、鱼翅等，经冷水浸泡一段时间后，用热水煮，利用高温做催化剂，使水分子渗透到原料内部，使干货回软，最终达到涨发目的。

3. 焖发法

这种方法经常与煮发法相结合使用。因为有些干货原料体积大或表面角质严重，故而内部极不容易发透，若长时间煮，会使原料

外表糜烂，而内部仍很坚硬。如将原料在沸水中煮一段时间后，改用小火或端离火源加盖焖一段时间，就可避免这种情况的发生，使干货原料内外都达到涨发的要求。

4. 水蒸气蒸发法

水蒸气蒸发法就是将原料放在器皿中隔水蒸，利用水蒸气使其涨发。这种方法适用于一些易散碎或鲜味强烈的干货原料，如干贝、海米、淡菜、虾子等。这些原料经过水煮后会使鲜味受到损失，如把它们放在容器中加入适量的葱、姜、调料水和高汤再上笼蒸，不仅能保持其鲜味，还能除去部分腥味和保形。

四、水发干货原料实例

（一）水发海参

1. 操作步骤

（1）干海参洗净，置入铝锅中加水，慢火烧开，5 分钟后端离火源，盖上锅盖焖 24 小时。

（2）把原水倒掉，另换清水搓洗几遍，放入铝锅加上清水，用火慢慢烧开，5 分钟后端离火，焖 24 小时。

（3）海参去肠去净里皮，洗净后另换清水上火烧开，10 分钟后取下，再焖 24 小时。

（4）第四天用手掐试，如松软有弹性即已发好，则换上 4℃左右的冷水浸泡 10 小时即可使用。

2. 操作要点及注意事项

器皿务必洁净，忌沾油、碱、盐。发制好的海参应用冷水浸泡，但不能结冰。

（二）水发鱼翅

1. 操作步骤

（1）剪边：为防止涨发时沙粒进入翅内，发制前要预先将鱼翅的薄边剪去。

（2）先将鱼翅按大小、老嫩分开，分别放入冷水中浸泡 10～12

小时，至鱼翅回软。

（3）煮：将浸软的鱼翅放入沸水中煮 1 小时，再焖煮 4～5 小时，至沙粒大部分起鼓后，用刀边刮边洗，除尽沙粒。如除不净可用开水再焖一次。

（4）切根再分类：对那些翅根较大的鱼翅，应将其根部切去一部分，然后再把老硬与软嫩的鱼翅分开，分放在锅中用大火煮沸后改用小火焖煮。

（5）焖煮：老硬鱼翅一般焖煮 5～6 小时，软嫩鱼翅焖煮 4～5 小时。

（6）出骨剔腐：将焖透的鱼翅取出稍凉，取出骨头和腐肉，但要尽量保持原样完整外形。

（7）漂洗：把清理好的鱼翅用清水漂浸 24 小时，中途需换水两次，以促进其泡发和去除腥味。然后再放入锅内焖煮 1～2 小时，至完全发透后取出，用清水漂洗干净，去除异味后即成半成品。

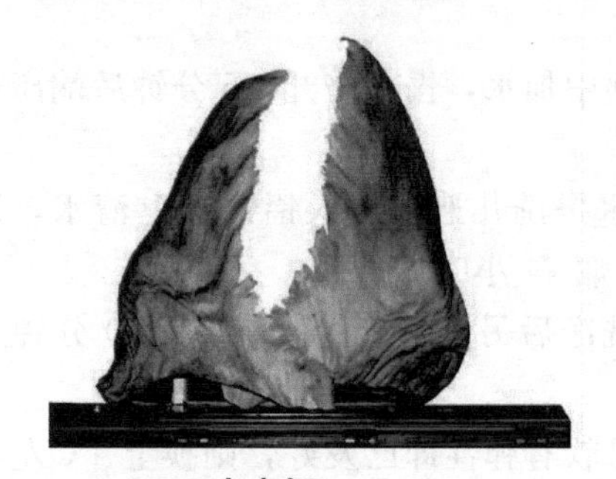
大肉翅

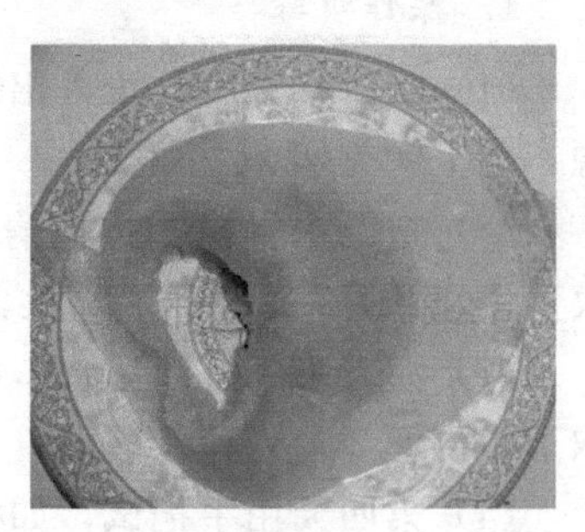
发好的鱼翅

2. 操作要点及注意事项

（1）应根据鱼翅的大小、老嫩，灵活掌握火候。

（2）水发鱼翅忌用铁质容器，因铁易氧化使鱼翅上生出黄色斑点。

（3）发好的鱼翅不宜在水中浸泡过久。

思考题：1. 涨发海参应注意哪些问题？

2. 涨发鱼翅应注意哪些问题？

任务2 碱发

相关知识

1. 碱发

碱发就是将干货原料放人预先配制好碱溶液中，使干货原料涨发回软的过程。适用于质地坚硬、致密度高的海产品动物性原料。

2. 碱发的原理

碱发干料时的物理化学变化。

（1）表面膜的破坏。把适合碱发的干货原料放入碱液中，碱首先对表面膜发生作用，这层膜由脂肪等物质构成，与碱作用，可发生水解、皂化等一系列反应，从而把这层防水保护膜“腐蚀”掉，使水能顺利地与原料结合。这时，原料对水的吸收一部分是蛋白质的水化能力，另一部分是毛细管现象。而用一般的清水，由于表面膜的阻止及胶原蛋白的特殊结构，原料不能很充分吸水，因此，用一般水涨发效果差，口感不好肉质发紧。

（2）吸水膨胀。在蛋白质分子间有各类亲水基团，经碱溶液浸泡后，亲水基团暴露出来，增加了蛋白质的水化能力；另外由于蛋白质的胶凝作用，可使水分散在蛋白质中，这种分散体系蛋白质以凝胶和溶胶的混合状态存在，具有一定的弹性，而蛋白质的水化作用与蛋白质的等电点、溶液的 pH 等密切相关。在等电点时，整个蛋白质分子呈电中性，水化作用最弱。因此，在等电点时，蛋白质的溶解度最小。加入碱后，可改变溶液的 pH，使 pH 远离蛋白质的等电点，增加蛋白质分子表面的电荷数，使蛋白质分子的水化能力加强，从而增强吸收能力。

（3）漂洗继续膨胀。干货原料碱发过程中，最后一道工序就是用清水漂洗。漂洗不但可以去除碱味，而且还可以促使原料进一步涨发。经碱发后的原料和清水可看成两个分散体系，当将碱发后原料放在清水中时，相当于一个半透膜，溶液的渗透压取决于所含质点的浓度。对碱发后的原料

及水而言，由于原料内含有一定的盐分及大分子的蛋白质，其渗透压对于纯水来讲，仍然是高渗透压的一侧。因此，水分子可通过原料表面继续进入原料的内部，而原来的碱可通过原料进入水中，这样，既达到了去碱味又达到了进一步涨发的目的。

一、实训目的和要求

(1) 实训目的：碱发是将干货原料先在清水中浸泡，然后放入碱溶液中浸泡一定的时间，促使干货涨发回软，再用清水漂浸，消除碱味和异味的一种发料方法。通过训练使学生掌握碱发的基本方法，达到能因料而异，合理运用。

(2) 实训要求：要求学生会配制生、熟碱水，掌握碱发的技巧。

二、器具及原料

(1) 器具：盆、盘、剪刀、炉灶。

(2) 原料：鱿鱼干、纯碱。

三、操作步骤（以鱿鱼为例）

（一）碱发鱿鱼

1. 操作步骤

(1) 就是将鱿鱼干放入清水中浸泡 2～3 小时，使其回软。

(2) 将鱿鱼浸泡在碱水中 4～5 小时左右。当鱼体颜色变为粉红色，柔软度和厚度略有增加时，再捞出放入清水中浸泡 12 小时。待鱼体明显膨胀且肉质弹性较强时，就可以使用了。

鱿鱼干

发好的鱿鱼

2. 操作要点及注意事项

应准确掌握碱的用量和涨发时间；切忌泡发时间过长，腐蚀鱼体而影响质量。

3. 相关知识

碱水对于干货原料表面有一定的腐蚀和脱脂作用，可大大缩短干货涨发的时间，但在涨发过程中，会使原料的营养成分受到一定的损失。碱发可分为生碱水发法和熟碱水发法两种。

（1）生碱水的配制：纯碱 0.5 kg 加清水 10 kg，搅匀溶化后即成。

（2）熟碱水的配制：将沸水 4.5 kg、纯碱 0.5 kg、生石灰 0.2 kg 在容器中搅和均匀，然后再加入 4.5 kg 凉水，冷却后去掉渣滓，即成熟碱水溶液。

思考题：怎样调制生、熟碱水？

任务3　油发

相关知识

1. 油发

油发即把干货原料放在多量油（约为原料的 5～7 倍）的油锅中，经过加热使其组织膨胀疏松，成为全熟半成品的涨发方法。

2. 基本原理

原料经干制后，仍含有一定量的结合水，这部分结合水是原料得以涨发的关键。在油发时，先用低温油浸泡原料，使原料中含有的胶原蛋白受热而收缩，原料回软。继续升温，原料中所含的水分开始部分汽化，逐渐形成小汽室。随着温度的升高，小汽室越来越大，当胶原蛋白分子发生变性时失去弹性，气体逸出，原来的小汽室按原体积固定下来，表现为原料内有大量的气泡，原料蓬松。

3. 涨发步骤

油发一般按如下步骤进行：

（1）检查原料；
（2）凉油或温油浸泡；
（3）热油冲发；
（4）浸泡回软。

一、实训目的和要求

（1）实训目的：油发法就是将干货原料放入适量的油中，经过加热，使其回软、膨胀，变得松脆的一种方法。适合油发的干货原料一般要含有较多的胶原蛋白，如蹄筋、鱼肚、干肉皮等。通过训练使学生掌握油发的基本方法，会根据原料的具体特点，灵活掌握和运用油发方法。

（2）实训要求：要求学生掌握油发的操作要点，防止油温过低发不起来，或油温过高发糊，经过反复练习，最终掌握油发的技巧。

二、器具及原料

（1）器具：盆、盘、剪刀、炉灶。
（2）原料：蹄筋、食用油。

三、操作步骤（以蹄筋为例）

（一）油发蹄筋

1. 操作步骤

（1）先用热水洗去蹄筋上的油腻杂质，晾干，然后放入冷素油锅内慢火加热。

（2）油发过程中蹄筋先是逐渐收缩，然后慢慢膨胀。此时要勤翻动，使蹄筋受热均匀。

（3）待蹄筋开始漂起并发出啪啪的响声时，端锅离火并继续不停地翻动蹄筋。

（4）待油温降低后再用慢火加热，并不断翻动，然后再起锅离火。如此反复，直至蹄筋全部涨发饱满、松脆时捞出。此时。蹄筋达到原体积的1～2倍。取一根一折即断，内呈蜂窝状，这样的蹄筋就是发透了。

（5）将蹄筋沥尽油，用热碱水洗去油腻，再在清水中漂洗脱碱后，除去附着在蹄筋上的残肉杂质，换水浸泡即可。

猪蹄筋

温油氽炸

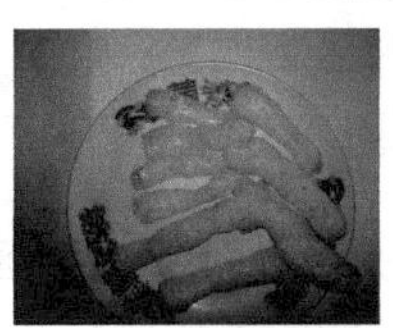
发好的猪蹄筋

干鱼肚

油发后的鱼肚

发好后的鱼肚

2. 操作要点及注意事项

（1）油要宽，否则原料受热不均涨不开。

（2）涨发前先要检查一下原料是否干燥、变质，潮湿的原料应先烘干，否则不易发透。

（3）有异味和变质的原料不宜采用。

（4）发料时一般凉油或温油下锅，逐渐加热，这样容易发透。否则会造成外焦而内部未发透的现象，不能涨发得恰到好处。

思考题：油发干料应注意哪些问题？

任务4　火发

相关知识

1. 火发

火发就是将皮面带毛、鳞或有僵皮的干料，放在火上燎烤至外皮焦煳时取出，放入温碱水中浸泡，再用刀刮去焦皮，再放入温水中浸泡的方法。

2. 涨发步骤

（1）燎烤；

（2）削刮；

（3）浸泡；

(4) 蒸煮；

(5) 蒸煨。

一、实训目的和要求

(1) 实训目的：所谓火发，并不是用火将原料直接发透，而是某些特殊的干货、鲜货原料在进行水发前或加热前的一种辅助性加工方法。此法主要是利用火的烧燎除掉原料外表的绒毛、角质、钙质化的硬皮，适用于驼峰、驼掌、乌参、岩参、猪爪、猪头、猪肘、方肉等。

(2) 实训要求：火发一般都要经过烧、刮、浸、滚、煨等几道工序，要求学生在烧燎过程中，要掌握好烧燎的程度，可采用边烧燎边刮皮的方法，防止烧燎过度损伤原料的内部的组织成分，降低使用价值和食用价值。

二、器具及原料

(1) 器具：盆、盘、刮刀、炉灶、喷枪。

(2) 原料：猪爪、猪头。

三、操作步骤

(一) 猪爪、猪头、猪肘、方肉的火发处理方法

1. 操作步骤

(1) 将猪爪、猪头、猪肘、方肉放置铁板上；

(2) 点燃喷枪在原料的皮面上均匀的烧燎至焦黄色；

(3) 在烧燎猪头时注意皮面折皱及耳部的火候；

(4) 将烧好后的原料放入温水中浸泡，刮洗干净后放入清水浸泡待用。

火发猪蹄

火发猪头

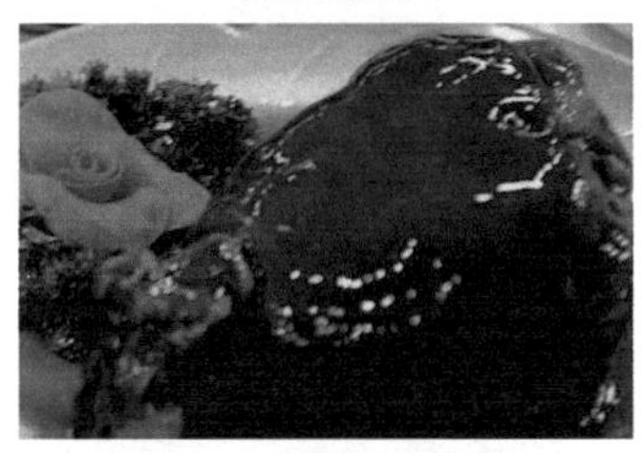

火发猪肘

火发方肉

火发虎皮方肉

2. 操作要点及注意事项

(1) 注意烧燎时的火力及烧燎的均匀程度，防止活力过分集中一点将皮面烧燎过度；

(2) 温水浸泡时可略加面碱，使刮洗后的原料更加清洁；

(3) 在刮洗猪头时注意鼻孔、耳孔内的清理，达到卫生要求。